高温砂岩油藏
提高采收率扌

王亚洲　王贵阳　王能成

中国石化出版社
·北京·

图书在版编目(CIP)数据

高温砂岩油藏提高采收率技术/王亚洲，王贵阳，王能成著. —北京：中国石化出版社，2023. 7
ISBN 978-7-5114-7156-7

Ⅰ. ①高… Ⅱ. ①王… ②王… ③王… Ⅲ. ①砂岩油气藏-油气开采-提高采收率-研究 Ⅳ. ①TE357

中国国家版本馆 CIP 数据核字(2023)第 124963 号

中国石化出版社出版发行
地址:北京市东城区安定门外大街 58 号
邮编:100011 电话:(010)57512500
发行部电话:(010)57512575
http://www.sinopec-press.com
E-mail:press@sinopec.com
北京富泰印刷有限责任公司印刷
全国各地新华书店经销
*
710 毫米×1000 毫米 16 开本 11.5 印张 207 千字
2024 年 7 月第 1 版 2024 年 7 月第 1 次印刷
定价:68.00 元

前　言

随着能源需求的不断增长，提高石油采收率成为石油工业的重要课题。高温砂岩油藏因其特殊的地质条件和储层特性，传统的水驱开采方式往往难以达到理想的采收效果。因此，泡沫改善水驱技术应运而生，旨在通过注入泡沫体系来调整注采剖面，改善流体流动状况，从而提高油藏的采收率。

泡沫改善水驱技术的核心在于利用泡沫的封堵作用和选择性调剖能力。在高温砂岩油藏中，由于地层温度较高，常规泡沫体系容易破裂失效。因此，研发耐高温的泡沫体系是该技术的关键。这种特殊设计的泡沫体系能够在高温条件下保持稳定，有效地封堵高渗水层，迫使后续注入的水流向低渗油层，实现油水的均衡推进。实施泡沫改善水驱技术时，首先需要对油藏进行详细的地质研究，了解油层的分布、渗透性以及油水界面的变化情况。然后，根据油藏的具体条件，设计合适的泡沫体系和注入方案。在注入过程中，通过实时监测泡沫的运移和油水动态，及时调整注入参数，确保泡沫能够有效作用于目标区域。此外，泡沫改善水驱技术还需要与其他增产措施相结合，如酸化、压裂等，以进一步提升油井的产能。通过综合运用多种技术手段，可以最大限度地提高油藏的动用程度和采收率。

本书共分为七章，对泡沫改善水驱技术的现状、泡沫微观驱油机理、泡沫改善水驱技术在油藏的应用情况进行了叙述和总结。高温砂岩油藏泡沫改善水驱技术是一种有效提高采收率的方法，对于提升油田的开发效益具有重要意义。随着技术的不断进步和完善，相信这一技术将在未来的石油开采中发挥更大的作用。

本书编写过程中得到了成都理工大学油气藏地质及开发工程国家重点实验室，中国石油天然气股份有限公司华北油田分公司、科技信息处、油田勘探开发研究院、油田开发处等各位领导、教授、专家和工程技术人员的大力支持和帮助，在此致以万分感谢！

作　者

2023 年 11 月

目　　录

1 绪 论

1.1 概述

大幅度提高高温砂岩油藏采收率及大规模推广应用是技术难题。在高温条件下采用具有理想发泡性能的泡沫驱油体系，为大幅度提高高温油藏采收率提供技术途径及技术方法，是未来的发展方向及趋势。

目前，国内外关于泡沫体系的应用领域主要是酸化、压裂、泡排以及常规油藏条件下的增产。通常，油气在高温油藏条件下泡沫性能较差。本书给出了适合于高温油藏的发泡剂分子结构设计及合成路线和方法以及泡沫增油效果。

本书在阐述了泡沫调驱油技术的国内外研究现状、应用现状以及发展趋势调研的基础上，重点开展了泡沫调驱机理研究、华北油田典型高温砂岩油藏泡沫调驱体系及配方研究、泡沫调驱的适应性及潜力评价、华北油田典型高温砂岩油藏泡沫小段塞调驱以及大段塞提高采收率驱油优化设计及实施方案编制，为泡沫驱大规模推广应用提供了理论及实际生产分析评价技术方法。

本书的主要读者为石油与天然气工程专业的本科生、硕博士研究生以及油田科研及生产人员。

本书分别对文120块、高30块、河间油田东营组等不同油藏泡沫驱油技术进行研究，其中文120块为高温砂岩油藏区块。主要研究内容如下。

(1)泡沫调驱油技术的国内外研究现状、应用现状以及发展趋势调研。

(2)分析泡沫调驱机理研究。

(3)研究华北油田典型高温砂岩油藏泡沫调驱体系。

(4)分析华北油田泡沫调驱的适应性及潜力评价。

(5)制定华北油田典型高温砂岩油藏泡沫调驱注入方案。

(6)制定华北油田典型高温砂岩油藏空气泡沫驱方案的优化设计、实施方案。

根据华北油田典型高温(80～130℃)砂岩油藏地质特征以及地层流体性质，

使泡沫(调)驱成为油田未来大规模推广应用且高效 EOR 方法，完成了以下研究。

(1)弄清泡沫驱油机理(调剖、调驱及驱替)及适应性。

(2)具有高弹性、低透气性，即理想稳定性的低张力表活剂(复配)(空气)泡沫体系的筛选。起泡剂本身具有理想降低或减缓泡沫的排液速度，提高(空气)泡沫的稳定性。

(3)在岩石孔隙中低速渗流且超低表活剂浓度(0.025%)时，起泡速度≈消泡速度，即保持驱替过程中长期的高黏度泡沫驱替的起泡体系的筛选及确定。

(4)交替周期及交替段塞的大小。

通过本次研究，空气泡沫(调)驱提高采收率技术达到了以下目标。

(1)泡沫体系的表面活性剂浓度≤0.2%(有效)；起泡剂最低起泡浓度为0.025%(有效)。

(2)在模拟油层渗透率非均质变异系数及井网上岩芯的驱油实验，泡沫调驱比水驱提高采收率≥5% OOIP；泡沫驱比水驱提高采收率≥10% OOIP。

(3)泡沫体系的成本≤150 元/m^3；(空气)气体的注入成本≤1.0 元/m^3。价格为市场价且可查实。

1.2 取得的主要认识和成果、创新点

1.2.1 主要认识和成果

(1)泡沫在多孔介质中渗流时，并不是以连续相的形式通过介质孔隙的，而是不断地破灭与再生。气体在泡沫破灭、再生过程中向前运动；液体则通过气泡液膜网络流过孔隙介质。泡沫体系的高视黏度是泡沫驱提高油层波和效率及流度控制的主要机理。

(2)通过室内筛选评价得到理想驱油效果的泡沫配方体系。文 120 块油藏、河间油田东营组油藏、高 30 块油藏泡沫体系分别为 XHY－4K、XHY－4、强品化工，有效浓度均为0.1%。其中文 120 块油藏驱替实验表明泡沫体系的阻力系数(RF)在 30～90，残余阻力系数(RRF)为 3.1。泡沫驱的临界起泡速度为0.1m/d。在含油饱和度大于30%时，阻力系数很高(25 左右)。空气泡沫驱泡沫段塞为0.30PV，比水驱提高采收率 17.24% OOIP。随着渗透率级差的增大，采收率提高的幅度先增大后减小，渗透率级差的拐点为8.9。

(3)高温高压条件下，压力越大，泡沫体系的稳定性越好。当压力为0.1～10MPa时，随着压力增大，泡沫体系的稳定性明显增加，当压力为10～15MPa时，随着压力的增大，泡沫体系的稳定性基本不变。其中文120块油藏在压力为15MPa时，200mL起泡液的起泡体积和泡沫半衰期分别为1865mL和3756s，其泡沫综合指数为116749mL·min。

(4)原油静态氧化实验在温度为87℃、压力为13MPa条件下，最终氧含量为0.6%，远远低于爆炸的临界氧含量(10.89%)，因此进行空气泡沫驱是安全的。

(5)空气泡沫驱实施方案及效果预测为：文120油藏泡沫主段塞起泡剂为XHY－4K、有效浓度为0.10%、主段塞大小为0.35PV；前置段塞为0.2%(有效)×0.001PV；气液比为1.2：1.0、交替周期为5d。当注入速度为目前实际工作制度的注入速度时，采收率提高12.87% OOIP，比水驱增油量为20.47×10^4t；当注入速度为目前实际注入速度的4倍时，比水驱增油量为13.59×10^4t，提高采收率8.54% OOIP。

河间东营泡沫主段塞起泡剂为XHY－4、有效浓度为0.10%、主段塞大小为0.30PV；前置段塞为0.2%(有效)×0.015PV；气液比为1.0：1.0；气液混合注入、注入速度为目前实际工作制度的注入速度、提高采收率10.72% OOIP、比水驱增油量为55.38×10^4t。

高30泡沫主段塞起泡剂为强品化工、有效浓度为0.10%、主段塞大小为0.2PV；前置段塞为0.2%(有效)×0.01PV；气液比为1.2：1.0、气液混合注入，注入速度为目前实际工作制度的注入速度；可提高采收率9.36% OOIP、与水驱相比增油量为37.88×10^4t。

1.2.2 创新点

(1)完成了高温(80～130℃)油藏条件下泡沫(调)驱体系配方筛选评价。文120块起泡剂浓度在0.0001%～0.40%(有效浓度)(低而宽的浓度)范围内，其空气泡沫体系具有理想发泡性能、满足泡沫驱油的条件和要求。

(2)完成了泡沫(而不是起泡液)在油层岩砂上的吸附。文120块泡沫在油层岩砂上的吸附规律不符合Langmuir等温吸附曲线。吸附曲线为开口向下的抛物线。泡沫条件下，起泡剂的吸附量为0.158mg/g，低于溶液条件下的吸附量为0.3836mg/g，只有溶液条件下的41.19%。

(3)完成了高温高压条件下泡沫体系参数的评价。压力越大，泡沫体系的稳定性越好，但当压力≥10MPa时，其影响不明显。

(4)文 120 块最低起泡条件即起泡原油饱和度为 18%；最低表面活性剂起泡浓度为 0.0001%(有效浓度)；最低起泡线速度为 0.1m/d。

1.3 本研究对油田勘探开发的指导作用

通过本次研究，得到了适合于华北油田典型高温(80~130℃)砂岩油藏泡沫(调)驱体系及配方，特别是筛选得到了在 0.0001%~0.40%(有效浓度)范围内，具有理想发泡性能、满足油田泡沫驱油的泡沫体系，为华北油田大规模推广应用泡沫(调)驱增油和提高采收率提供一项提高采收率达 5% OOIP~10% OOIP、可靠的三次采油新技术和方法。

2 泡沫微观驱油机理

研究人员开展了空气泡沫驱提高采收率的微观驱油机理研究，主要研究泡沫驱油体系在微观孔隙中的泡沫形态、泡沫流体的渗流特性及驱油机理。这对于认识、掌握并改善空气泡沫驱以提高采收率具有重要意义。

2.1 微观仿真模型

本实验的原理主要是通过图像采集系统将驱油过程的图像转化为计算机的数字信号，采用图像分析技术研究泡沫的形成过程、泡沫的破灭过程、泡沫的运移特征及泡沫驱的微观驱油特性。

实验采用气液同注并经过泡沫发生器形成泡沫的方式，利用微量注入泵控制起泡剂注入速度，气体流量计控制气体注入速度，通过泡沫发生器形成泡沫。其实验流程如图 2－1 所示。

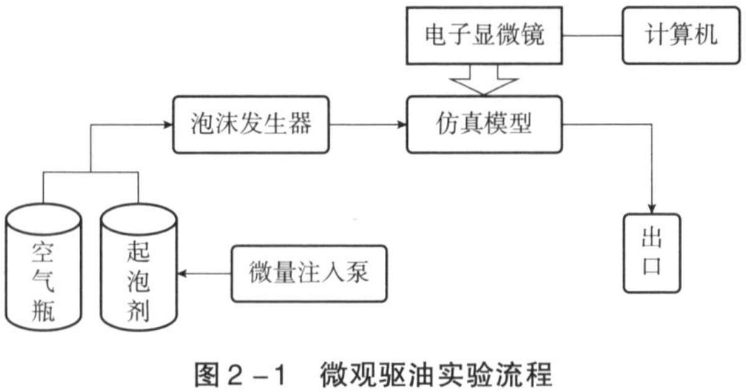

图 2－1　微观驱油实验流程

通过微观驱油模型进行驱替实验，利用电子显微镜采集并分析泡沫的微观驱油过程的图像，以研究泡沫的微观渗流特性。

实验基本步骤如下。

(1)按实验流程图连接仪器，并调试仪器。

(2)将微观模型饱和模拟用油，模拟油层尚未达到水驱开发状态。

(3)以一定速度水驱油，至模型不出油为止，模拟油田开发至水驱极限。

(4)然后以相同速度注入泡沫体系，至不出油为止，并录制驱替过程的动态图像。

(5)改变实验方案，重复以上步骤。

2.2 多孔介质中泡沫的相关机理

2.2.1 多孔介质中泡沫的形成机理

用粒径为0.3mm的玻璃微珠制作的微观仿真模型开展微观驱油实验，并用电子显微镜记录下驱油实验过程的图像，通过分析图像，发现在小孔道中泡沫的形成有三种不同的机理，分别是液膜滞后、泡沫卡断及泡沫分叉。其中，泡沫卡断及泡沫分叉是大孔道中未发现的现象。

2.2.1.1 液膜滞后

小孔道中泡沫液膜滞后机理类似于大孔道中的形成机理，如图2-2所示。图2-3为小孔道中液膜滞后的实验图，气体前缘在低注入速度下沿喉道a与喉道b两个不同的方向进入孔隙，由于喉道a与喉道b处的驱动压力未超过此处的毛细管阻力，使得产生的泡沫未能发生分裂而堵在喉道处，产生一个体积更大的气泡，在表面活性剂充足的情况下，易堵塞孔隙喉道，产生气阻效应。

实验过程中还发现：当起泡液体系中发泡剂浓度较低时，产生的泡沫极不稳定直至破灭；当气体流动速度过大时，气体前缘极易在大喉道处形成气窜，不再出现液膜滞后作用而产生泡沫。

可见，在空气泡沫驱现场应用时，应选择合理的注气压力并控制好速度，且采取空气段塞+发泡液段塞交替注入方式，以防止发泡液中起泡剂浓度过低而影响发泡能力及泡沫的稳定性。

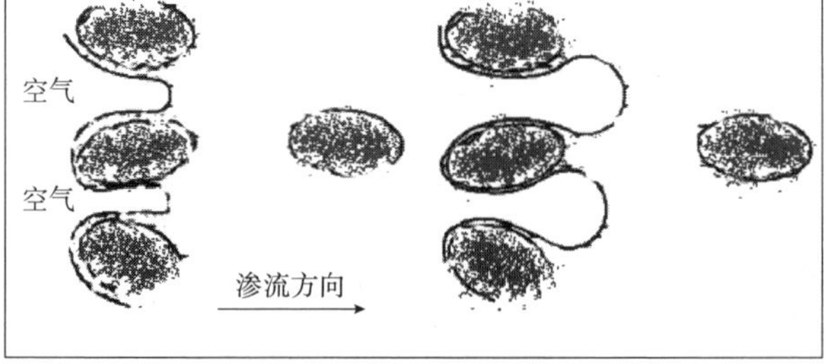

图2-2 液膜滞后产生泡沫机理

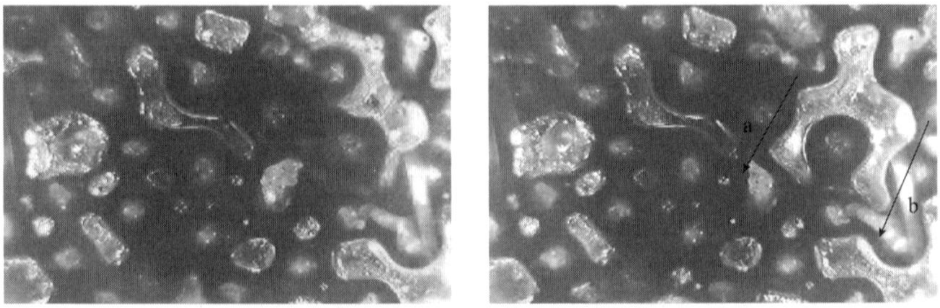

图 2-3 液膜滞后机理

需要说明的是，这种机理主要发生在低流速条件下的油层深部。

2.2.1.2 泡沫卡断

泡沫卡断是泡沫在孔隙介质中主要的再生机理，其形成的前提是多孔介质中有足够狭窄的孔隙喉道，且有较高的驱替压力，如图 2-4 所示。

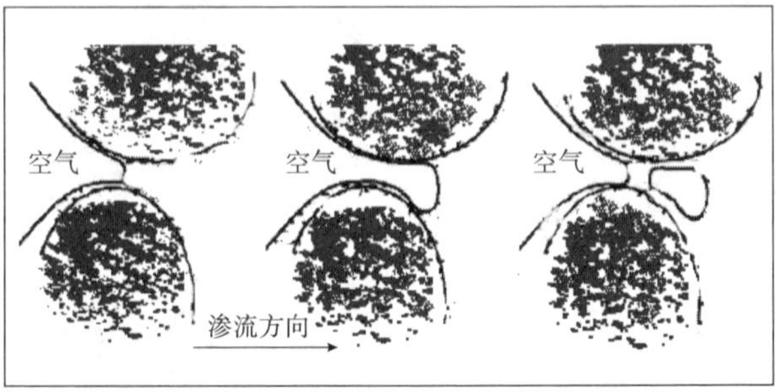

图 2-4 泡沫卡断

气泡在穿过狭小的孔隙喉道时，会受到毛细管力的作用，根据 Laplace 方程：

$$P_c = \sigma\left(\frac{1}{R_1} + \frac{1}{R_2}\right) \tag{2-1}$$

式中，P_c 为毛细管压力，MPa；R_1、R_2 分别为弯曲分界表面的两个主曲率半径，μm；σ 为两相界面上的表面张力，mV/m。因为充填介质玻璃微珠为球形颗粒，气泡在喉道处的弯液面近似成球面，所以公式中，$R_1 = R_2 = R$。

其中：

$$R = \frac{r}{\cos\theta} \tag{2-2}$$

由式(2-1)及式(2-2)可得：

$$P_c = \frac{2\sigma}{R} = \frac{2\sigma\cos\theta}{r} \tag{2-3}$$

式中，r 为毛管半径，μm；θ 为润湿相对固体表面的润湿角，(°)。

图 2－5 给出了泡沫卡断形成泡沫的实验图。当气体高速流动时，产生的气泡在驱替压力作用下，克服毛细管阻力从孔隙的一端通过狭小喉道进入另一端，如图 2－5(a) 所示。

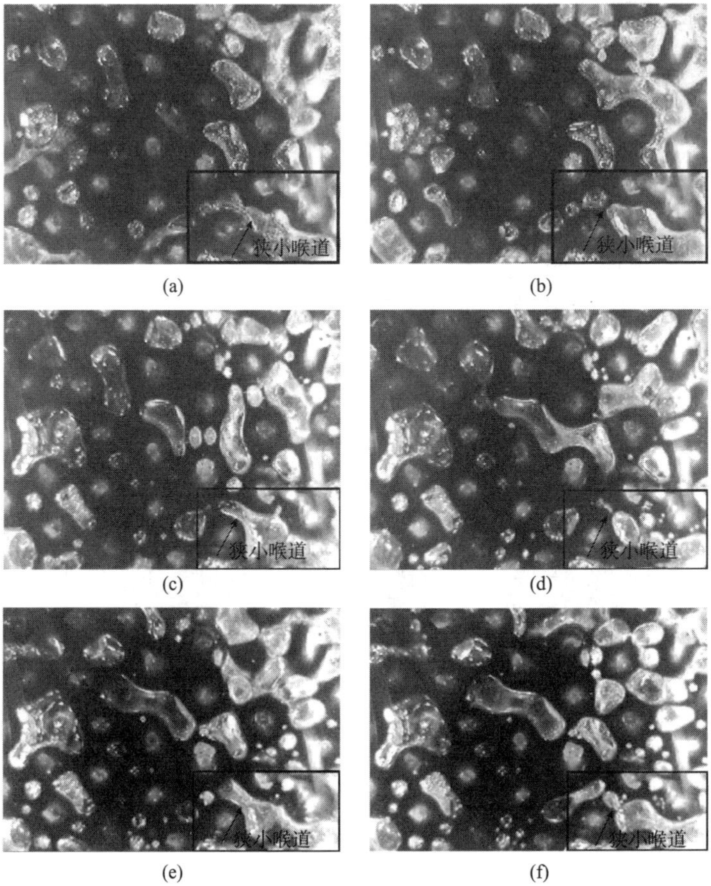

图 2－5　泡沫卡断机理

在图 2－5(a) 中，气泡在进入狭小喉道的过程中，毛细管力为阻力。由式 (2－3) 可知，毛细管压力会随着毛管半径和润湿角的变化而变化，因此，在气泡前缘进入狭窄喉道的过程中，润湿角及毛管半径均变小，导致毛管压力变大，到达喉道的最窄部位时，毛管压力达到最大值，即泡沫受到的阻力达到最大值。

当气泡前缘通过狭窄喉道到达孔隙另一端时，毛细管压力逐渐降低，产生的压降使周围的流体进入最狭窄的喉道部位，挤压气泡，导致气泡在喉道处分裂成两个或多个气泡，如图 2－5(b) 所示。特别是当泡沫周围存在大量原油时，气泡更容易发生分裂，这是因为起泡剂为表面活性剂，具有两亲性质，优先吸附于油相而使得气泡液膜上的起泡剂浓度降低，气泡的稳定性变差，更易发生分裂。

此外，在实验过程中还发现，在图 2－5 所示的狭小喉道处，将反复发生泡沫卡断现象，气泡不断地分裂成多个小气泡，如图 2－5(c)～(f)所示。在同一处发生多次泡沫卡断，产生的新气泡可以沿着驱替方向流出孔隙。

需要说明的是，气泡卡断机理是泡沫个数增多的主要机理及作用，使得泡沫的性质发生变化。例如，发泡体积增大、半衰期延长。

2.2.1.3 泡沫分叉

泡沫分叉也是泡沫在多孔介质中再生的重要机理，其形成过程及方式不同于前两种机理，泡沫分叉如图 2－6 所示。

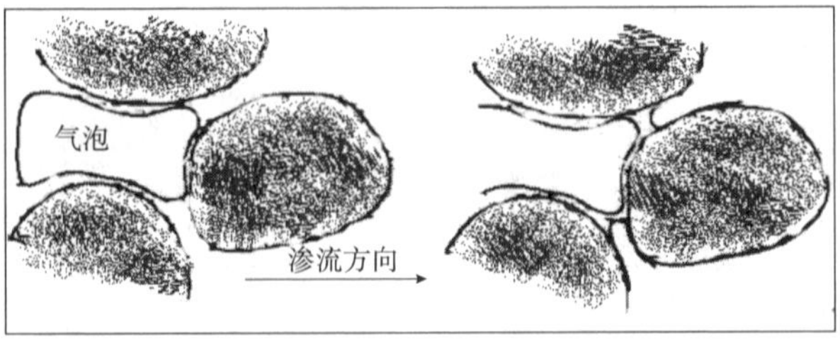

图2－6 泡沫分叉

图 2－7 为泡沫分叉的两种形式。在图 2－7 中，由于气泡的体积较大，泡沫在多孔介质中沿着压降方向运移时，喉道 a 或喉道 b 均不能容纳气泡通过，因此在驱替压力作用下，气泡会发生变形，同时从喉道 a 及喉道 b 进入下一个孔隙，随着驱替压力的持续作用，气泡分裂成两个或多个气泡。

泡沫分叉机理产生的气泡或堵塞喉道或被驱出孔隙，这种机理与泡沫卡断机理类似，但不同于泡沫卡断机理，泡沫分叉形成的前提是孔隙中有液膜滞后或泡沫卡断作用产生的气泡，在图 2－7(a)～(b)中，标示部位的气泡来源于液膜滞后作用所产生的气泡。

图 2－7(c)～(d)中是气泡分叉的另一种方式，沿驱替方向上有喉道 a 及喉道 b，气泡会选择从其中一条不易发生变形的喉道 b 通过，气泡未发生分裂，是因为气泡的大小小于喉道的大小，气泡不需变形就能轻易通过喉道 b。

结果表明，气泡发生泡沫分叉受气泡及喉道的大小影响，当气泡小于喉道大小时，气泡不发生分裂和变形，从流动阻力较小的喉道沿驱替方向运移；当气泡大于喉道大小时，气泡分裂成多个，堵塞喉道或运移出孔隙喉道。

需要说明的是，泡沫分叉是确保泡沫驱油过程中，泡沫质量不断补充的过程，当泡沫的再生速度与泡沫的消泡速度相当或略低于泡沫的消泡速度时，可以克服聚合物驱、复合驱以及深部调驱体系等化学驱，因长期老化而导致驱油效果不理想甚至失败的不足或缺点。

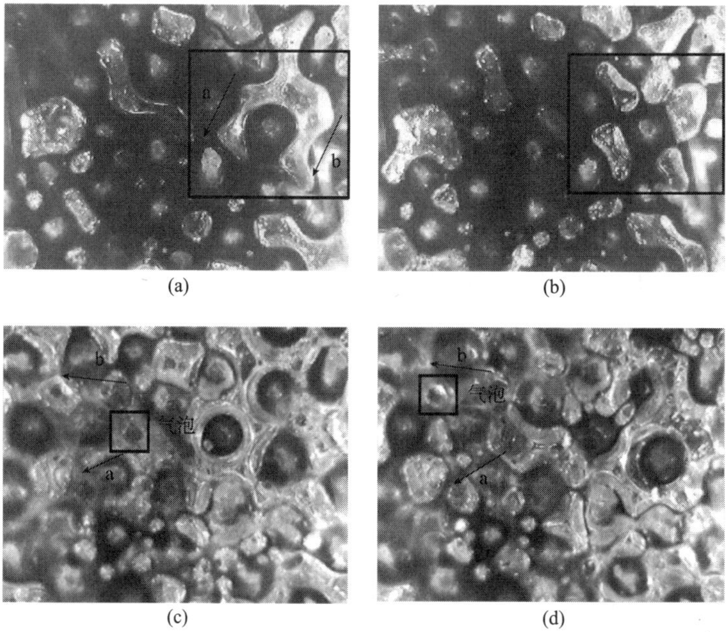

图 2-7　泡沫分叉机理

通过对比分析上述不同大小喉道中泡沫形成机理的实验结果，表明泡沫的形成与喉道的大小及气体流动速度有关。在大喉道中，气体流速较慢时，泡沫主要因液膜滞后机理产生；当气体流速较快时，在孔隙喉道中易产生气窜现象；在小喉道中会出现液膜滞后、泡沫卡断及泡沫分叉三种产生泡沫的机理。其中，泡沫卡断机理及现象的产生，必须有足够狭小的喉道及较快的气体流速。而泡沫分叉产生的前提是孔隙内有液膜滞后及泡沫卡断产生的泡沫。

2.2.2　多孔介质中泡沫的破灭机理

事实上，泡沫在孔隙介质中渗流时，不断产生与破灭。通过分析微观驱油实验过程图像，结果显示在含油及无油条件下泡沫的破灭机理不同。

2.2.2.1　泡沫在含油条件下的破灭机理

当两个气泡周围油相较多时，两个气泡的薄膜变薄而聚并成一个气泡，如图 2-8 所示。气泡 a、气泡 b 及气泡 c 周围都包裹着油相，且三个气泡接触部位均存在一层薄油膜，使得液膜上的表面活性剂转而吸附于油相上，失去表面活性剂的吸附，使得气泡 a、气泡 b 及气泡 c 的液膜变薄，最后聚并成一个大气泡 d。这是因为泡沫体系中的表面活性剂具有亲油及亲水的两亲结构，其亲油基团与油相的亲和力 > 亲油基团与气相的亲和力，起泡剂(表面活性剂)优先吸附于油相而离开气水界面(液膜)，造成液膜上表面活性剂浓度降低，导致泡沫液膜变薄，稳定性变差，直至泡沫破灭。

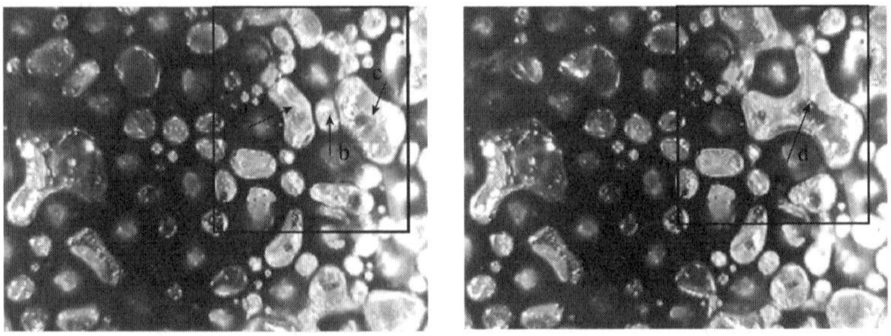

(a) (b)

图 2-8 泡沫在含油条件下的破灭机理

2.2.2.2 泡沫在无油条件下的破灭机理

当孔隙介质中原油大部分被驱替以后，在模型中部或者后部区域，几乎没有原油存在。在此区域内起泡剂浓度相对较高，不但已有的泡沫相对较为稳定，且在驱替压力作用下，不断产生新的泡沫，且聚并成更大的泡沫。

如图 2-9 所示，气泡 a 与气泡 b 所处的区域表面活性剂浓度较高，气泡较稳定，未发生破裂。当提高注气端的驱替压力时，气泡 a 与气泡 b 聚并成了一个更大的气泡 c。

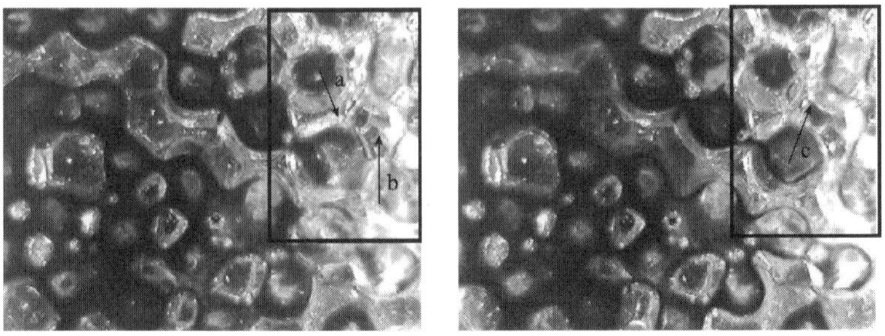

(a) (b)

图 2-9 泡沫在无油条件下的破灭机理

由于泡沫体系存在充足的起泡剂即表面活性剂，表面活性剂吸附所产生的双电子层会产生稳定液膜的附加排斥力，与分子间作用力共同作用于液膜上，使液膜达到平衡，气泡变得稳定不易破裂。

上述平衡状态是一种静态的平衡，由于气泡 a 与气泡 b 同时受到驱替压力的作用，使得两个气泡变得不稳定，发生破裂聚并成更大的气泡 c。

显然，当空气与起泡液在孔隙介质中渗流和运移时，泡沫不断产生、不断破灭，泡沫流动过程中的驱替性质与驱油作用，取决于泡沫破灭与产生的“净值”。当泡沫生成速度 > 泡沫破灭速度时，则泡沫体系的性质或参数，更利于驱油，如泡沫的稳定性增大、半衰期增高、视黏度增高等；相反，当泡沫生成速度 < 泡沫破灭速度时，则泡沫体系的性质或参数变差，不利于驱油，如泡沫的稳定性降低、半衰期减小、视黏度降低等；当泡沫生成速度 = 泡沫破灭速度时，则泡沫体系的性质或参数基本不变。

需要说明的是，在泡沫驱油过程中，泡沫进入油层岩石初期、中期及后期，泡沫的生成速度及破灭速度不同。通常，初期泡沫的生成速度 > 破灭速度；中后期泡沫的生成速度 < 破灭速度。即泡沫驱油过程中，泡沫逐渐减少。两者的差异程度取决于发泡体系(发泡剂类型及浓度)、渗流速度、气液比、岩石孔隙性质、流体性质及含油饱和度等。

因此，泡沫驱油体系必须在油层条件下评价、筛选，以确保筛选的驱油体系具有理想的驱油效果。

2.2.3 多孔介质中泡沫的微观驱油机理

研究结果表明，泡沫驱油的微观机理非常复杂，主要包括提高微观波及其效率和微观驱油效率两个方面。

2.2.3.1 乳化与分离作用

由于泡沫体系中的起泡剂为表面活性剂，而表面活性剂具有乳化原油及其他油相的作用。显然，多孔介质的喉道内及孔喉壁上的残余油也将被乳化，随着流体的流动而被驱替。

当空气泡沫在孔隙介质中流动初期，由于泡沫体系中表面活性剂的乳化作用，孔隙喉道中未被水驱出的原油被表面活性剂乳化，形成大量的水包油(O/W)型乳状液。这时，被乳化的油滴分散于流动的驱替介质中，在流动过程中，这些油滴不断聚并、变大而被驱替，或聚并形成“油墙”而被驱替。如图 2－10(a)~(b)所示，原油均不同程度地被表面活性剂溶液乳化为水包油型乳状液。

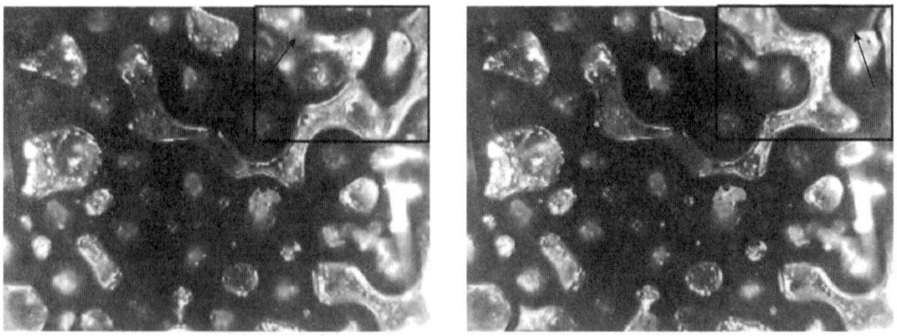

(a) (b)

图2－10 原油乳化微观驱油机理

此外，由于起泡剂为表面活性剂，具有能降低油水界面张力的作用，可使残留在孔壁上及细小孔隙中的残余油滴或油膜活化，如图2－11(a)所示。乳化液活化并分离了呈束缚状态的残余油滴，使得原油较易被驱动。

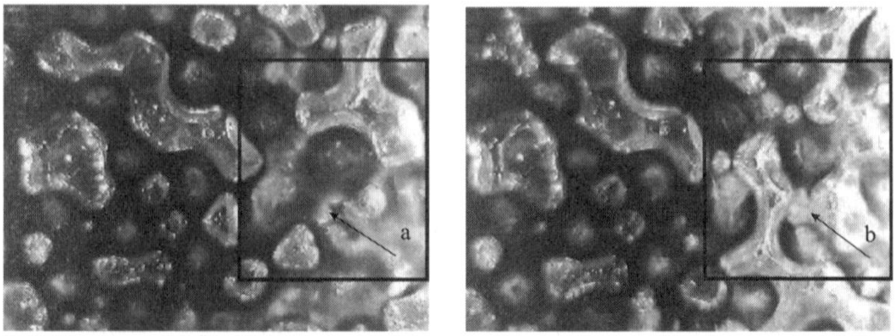

(a) (b)

图2－11 分离原油微观驱油机理

2.2.3.2 剥离油膜、挤压携带作用

表面活性剂水溶液在孔隙介质中渗流时，油水界面张力的降低，是影响微观驱油机理的主要因素。

1)剥离油膜

在表面活性剂降低油水界面张力的作用下，大量残留在喉道壁上的油块、油段或油膜，被泡沫剥离成为分散的小油滴或丝状，变得较易流动，如图2－12(a)所示。此外，微观驱油机理结果还表明，残余油块的边缘缩小，被剥离的原油随水流动，被驱出岩石孔隙喉道，如图2－12(b)所示。

2)挤压携带作用

事实上，残余油滴、油块或油膜之所以残留于孔隙喉道之中，主要原因是由于残余油滴、油块或油膜与岩石表面存在较大的吸附功。当泡沫与油滴的摩擦功及油水界面张力降低的能量≥原油与岩石孔壁之间的吸附功时，则可以将残余油滴(油块或油膜)活化而被整体驱动。由图 2－13 可以看出，多个大气泡占据孔隙喉道的大部分空间，在后续驱替压力作用下，分散的大气泡像一段柱塞挤压孔隙中的残余油，以活塞式驱替方式将残余油滴、油块或油膜活化、驱动并携带。从理论上来看，这种驱油机理是泡沫提高驱油效率的一个重要机理。

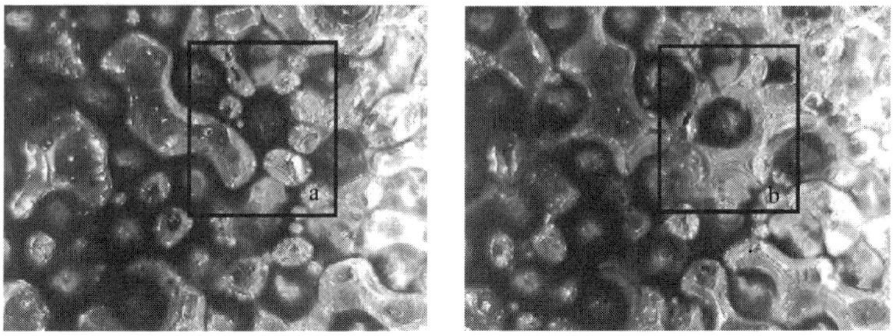

(a)　　(b)

图 2－12　泡沫剥离油膜微观驱油机理

此外，泡沫的活塞式驱替机理，是由于油膜的运移和流动增大了孔喉的有效渗流半径，理论上提高了泡沫在孔隙介质中的微观波及效率。

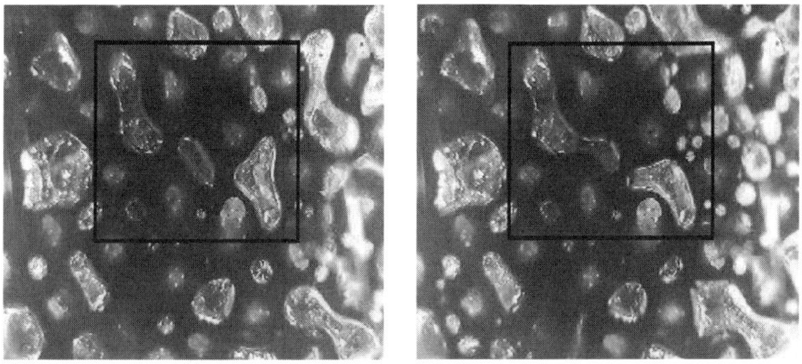

(a)　　(b)

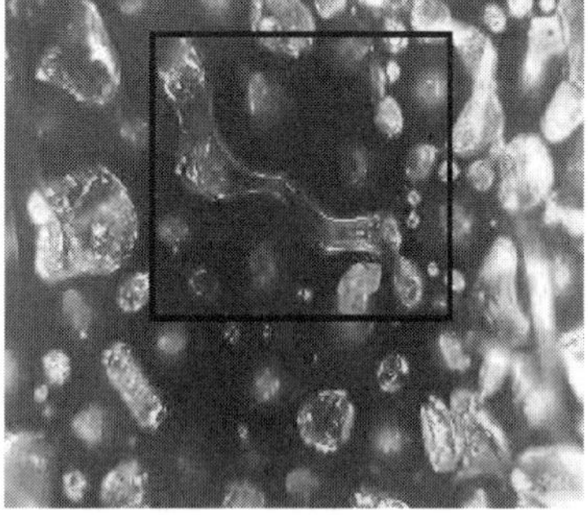

(c)

图 2－13　泡沫挤压携带油滴微观驱油机理

显然，形成活塞式驱替方式的主要机理，是由于泡沫在孔隙介质中运移时，形成了视黏度较高的驱油介质，表现出活塞式驱油机理。这是聚合物驱、表面活性剂水溶液驱、碱水驱以及复合驱等三次采油方法中，尚未观察到的新机理。而活塞式驱油的波及效率最高。一般化学驱油体系在孔隙介质中渗流时，表现为尖峰式层流。

可见，泡沫的挤压携带驱油机理，不仅因活化并驱动残余油滴而提高了驱油效率，还由于增大了孔喉的有效渗流半径而提高了微观波及效率。

3)泡沫搅动作用

泡沫在多孔介质中渗流，当渗流速度不大时，泡沫以稳定的层流流态流动，包括尖峰式层流及平板式层流。平板式层流即前面提及的活塞流动。

但是，由于地层压力的挤压作用，将循环往复地发生聚并变大、破裂的过程。这种作用过程将局部地改变多孔介质中孔隙和喉道的压力，加剧孔喉中泡沫的运动及运移，使泡沫在孔隙介质中的流态由稳定的层流变为紊流甚至柱塞流。短时间内局部出现泡沫的反向流动及局部“回流”，这种扰动会促使泡沫的乳化及剪切作用发生的频率更高、程度更大，有利于提高泡沫驱的驱油效果，如图 2－14 所示。

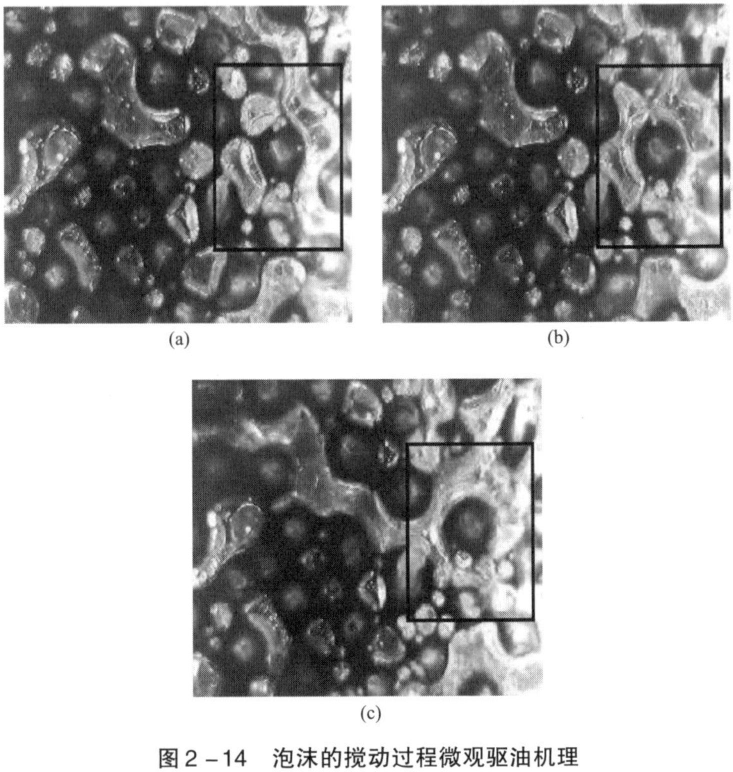

(a) (b) (c)

图2－14 泡沫的搅动过程微观驱油机理

4)“堵大不堵小”

泡沫在多孔介质中渗流时，由于层间摩擦力的作用，使液体进入液膜边界与喉道壁之间的滑动层，使泡沫产生扭曲、变形；同时，由于孔隙喉道的不规则性，造成气泡两端曲率不同，于是叠加产生了气液界面阻力效应——贾敏效应。因此，聚集的大气泡会梗堵在不规则喉道处，堵塞高渗透大喉道，形成了泡沫的“堵大不堵小”现象。

如图2－15(a)所示，泡沫在流动阻力较小的高渗透大喉道a处聚集，气泡被拉伸，形状变得不规则，产生贾敏效应，堵塞了孔隙喉道，导致后续的泡沫液的流动阻力增加，在驱替压力的作用下，气泡转而流向未被波及的小喉道b，驱替小喉道b处的原油，扩大了驱替液的波及体积，如图2－15(b)所示，造成泡沫“堵大不堵小”。

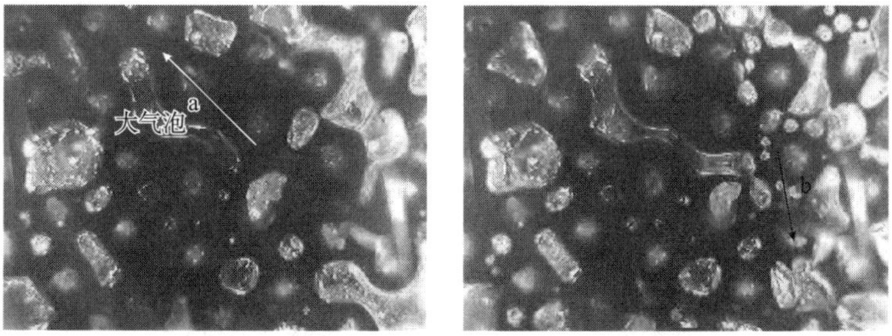

(a)　　　　(b)

图2－15　泡沫封堵大喉道微观驱油机理

需要说明的是，正是由于泡沫体系高强度地封堵大孔隙喉道(高渗透层)、低强度地封堵低渗层，即所谓“堵大不堵小”机理，使得泡沫驱油体系可以大量进入中低渗透层，从而大幅度地提高了油层的波及效率。这是泡沫体系作为提高采收率驱油技术最为关键的作用。

值得注意的是，在含油微观模型中，泡沫“堵大不堵小”现象发生频率比无油条件下的频率更高。最终小气泡聚并成大气泡并阻塞大喉道。

5)泡沫的高黏度改善流度比

泡沫在地层多孔介质中渗流时，由于孔隙喉道的非均质性，导致气泡在穿过孔隙喉道时，界面发生变形，引起黏滞阻力增加，泡沫的视黏度增加。

泡沫具有较高视黏度的特性，使得气泡在运移到某一位置后，会停留于此，引起流度下降，从而大幅度地降低气相(泡沫)的渗透率，对液相(油水混合物)渗透率则影响不大。如图2－16所示，在驱替压力不变时，大气泡梗堵在喉道处，而后续油滴及溶液沿着液膜边缘随着泡沫的流动不断向前推动运移。

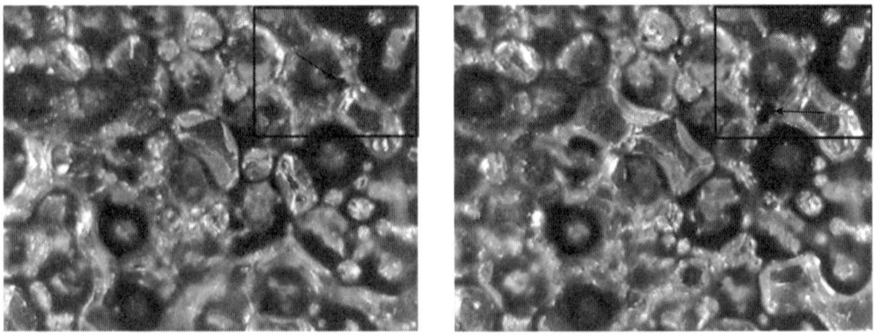

(a) (b)

图2－16 泡沫改善流度比微观驱油机理

由此可见，在高黏度条件下，泡沫驱油体系具有理想的改善流度比的作用。

同样需要说明的是，当泡沫进入油层后，泡沫的高视黏度可以克服或防止泡沫驱油体系在驱油过程中出现“指进”现象，防止泡沫驱油体系过早突进及气窜。

综上所述，泡沫体系的高视黏度是泡沫驱提高油层波及效率及流度控制的主要机理，也是泡沫驱油技术的核心。

2.3 微观实验小结

(1)在多孔介质中渗流时，泡沫不断生成与破灭。泡沫的生成有液膜滞后、泡沫卡断、泡沫分叉三种机理。其中，液膜滞后是在低速条件下的泡沫产生方式，在油田泡沫驱提高采收率中主要发生在油层深部；泡沫卡断现象的发生需要足够狭小的喉道，是高速(近井地带)流动条件下，泡沫产生或再生的主要机理，也是泡沫个数增多的主要机理；泡沫分叉机理与气泡的大小有关，同样也是泡沫个数增多的主要机理及泡沫再生的主要机理。泡沫的破灭较为复杂。

(2)泡沫在含油及无油条件下的破裂方式不同，含油饱和度较高的情况下，气泡破灭方式以膜破裂为主；无油条件下，则是以气体扩散为主。

(3)由于发泡剂具有软化界面膜、降低油水界面张力的作用，残余油滴、油块或油膜被分散、剥离成乳状液，同时由于泡沫的挤压、携带作用，乳状液沿着压降方向运移。该机理具有提高微观波及效率及驱油效率两个作用。

(4)由于泡沫驱具有叠加的气阻效应，迫使泡沫进入小孔道驱替原油，显著提高驱替液波及体积，形成了“堵大不堵小”现象；泡沫具有较高的视黏度，能改善流度比。显然，泡沫体系的高视黏度是泡沫驱提高油层波及效率及流度控制的主要因素，也是泡沫驱油技术的核心。

3 文 120 块空气泡沫驱提高采收率技术

在文 120 块油层温度、地层水、原油及油层岩芯等实际条件下，通过室内筛选与评价，得到最佳起泡剂浓度及体系配方。同时，采用最佳泡沫体系，开展岩芯驱替实验、驱油效果评价及注入程序(前置段塞、阶梯段塞、渗透率级差等)、注入方式(交替注入及交替周期、交替方式、井底发泡等)、段塞大小的设计；开展文 120 块地质描述、建立地质模型、开展水驱历史拟合、水驱效果预测，以及泡沫驱注入程序、注入方式、段塞大小优化设计，给出最佳实施方案及泡沫驱效果预测；最后，开展文 120 块泡沫驱注入工艺及技术研究。

3.1 配方筛选与评价

3.1.1 实验仪器

3.1.1.1 起泡剂筛选与评价的实验仪器

(1) Waring Blender 搅拌器。

(2)高温高压泡沫评价装置(海安县石油科研仪器有限公司)。

(3) Brookfield - Ⅲ$^{+}$布氏黏度计。

(4)高温恒温箱。

(5)量筒及秒表若干。

(6)高压空气瓶等。

3.1.1.2 单管及双管并联岩芯驱替实验仪器

岩芯驱替实验主要包括单管岩芯驱替实验及并联岩芯驱替实验。前者主要评价泡沫流动特征；后者主要评价泡沫驱油效果。主要设备及装置如下。

(1)平流泵，2 台(北京卫星制造厂，精度为 0.01mL/min，最大压力为 25MPa)。

(2)高压中间容器，2 个(海安县石油科研仪器有限公司，最大容积为

1000mL，最大承受压力为25MPa）。

（3）手摇加压泵，1台（海安县石油科研仪器有限公司）。

（4）高压气体流量计，1台（量程为32MPa）。

（5）高压空气瓶（或空气压缩机升压），内充高压空气作为气源。

（6）填砂管4根（Φ38mm×2000mm），单管（Φ50.8mm×1300mm），恒温箱。

（7）压力表若干（量程分别为25MPa、16MPa及1MPa）。

（8）回压阀若干。

（9）六通阀、高压管线若干。

（10）量筒若干（量程分别为200mL和1000mL）。

（11）有机玻璃可视化填砂管（海安县石油科研仪器有限公司，Φ38mm×1000mm）。

（12）可视化填砂钢管（海安县石油科研仪器有限公司，Φ38mm×2000mm）。

3.1.1.3　界面张力实验仪器

实验中评价发泡体系降低原油界面张力，进而评价发泡体系提高驱油效率的实际效果。界面张力仪为JJ2000B旋转滴界面张力仪，还包括针筒、烧杯、玻璃棒及胶头滴管等。

3.1.1.4　静态吸附实验仪器

发泡剂在岩石上的吸附滞留量，决定发泡体系用量、浓度及驱油效果的关键参数。实验中所用设备如表3－1所示。

表3－1　静吸附实验使用的仪器

仪器名称	规格型号	生产厂家
集热式恒温加热磁力搅拌器	DF 101S	巩义市予华仪器有限责任公司
电子天平	AB104－N	梅特勒－托利多（常州）有限公司
离心管	50mL	成都市长钲化玻有限公司
离心沉淀器	TDL－50	金坛市岸头良友实验仪器厂
电热恒温鼓风干燥箱	DHG－9101.2SA型	上海云发科学仪器有限公司
移液管	1mL、2mL、5mL、10mL、25mL及50mL	蜀龙玻璃仪器厂
锥形瓶	100mL、250mL	蜀龙玻璃仪器厂
具塞玻璃量筒	100mL	蜀龙玻璃仪器厂

3.1.2　高温常压下起泡剂筛选

起泡剂是形成泡沫的主要组分，作为一种起泡剂，最重要的是其泡沫性能，包括起泡能力、泡沫稳定性等。但各种起泡剂由于类型、分子结构、相对分子质量均不同，使得泡沫性能也不同。所以，首先在油层温度及地层水条件下，对起泡剂进行初步筛选与评价。由于在泡沫驱采油过程中，要求起泡剂具有尽可能高的起泡能力和泡沫稳定性，因此，在筛选过程中，主要考虑起泡剂的起泡能力和泡沫稳定性。

3.1.2.1 实验方法

评价泡沫性能的方法很多，诸如 DNI 孔盘打击法、压气气流法、Ross - Miles 法、Apl 法和 Waring Blender 法等。初期采用 Waring Blender 法对 21 种不同起泡剂的泡沫性能进行初步筛选与评价。

Waring Blender 法是一种评价泡沫性能的便捷方法，其具备所用样品少、周期短、使用条件不受限制等优点。实验所用仪器是高速搅拌器，具体实验步骤包括：①在量杯中加入 200mL 一定浓度的起泡剂溶液，高速(9000r/min)搅拌 1min 后，迅速将泡沫倒入带封口的 1000mL 量筒中，读取泡沫体积 V_0，表示泡沫的起泡能力；②记录泡沫中析出 100mL 液体所需的时间，称为泡沫的析液半衰期，反映泡沫体系的初期稳定性；③记录泡沫体积消去一半所需要时间，称为泡沫半衰期，反映泡沫的后期稳定性。由此可准确地反映出起泡液的起泡能力和泡沫的稳定性。因此，在后面的起泡剂筛选及体系评价实验中，采用该方法。在地层水及油层温度条件下，对起泡剂的初步评价主要考虑溶解性、泡沫的起泡能力以及泡沫的半衰期等因素。

3.1.2.2 水样和原油

表 3 - 2 给出了文 120 块地层水的组成，总矿化度为 28291mg/L，属于 $CaCl_2$ 水型；油层温度为 87℃，地面原油密度为 0.9009g/cm^3，地面原油黏度为 322.8mPa · s。实验时使用油田提供的原油。地层水是根据表 3 - 2 离子组成配置的模拟地层水。

表 3 - 2 文 120 块油藏地层水矿化度及离子组成 mg/L

离子	$Na^+ + K^+$	Ca^{2+}	Mg^{2+}	Cl^-	SO_4^{2-}	HCO_3^-	总矿化度
浓度	10643	192	79	16288	395	694	28291
水型	$CaCl_2$						

3.1.2.3 起泡剂的筛选

起泡剂筛选与评价实验使用的表面活性剂均为市售工业化产品。采用 Waring Blender 法，在压力为 0.1MPa 及温度为 87℃的条件下，用文 120 块地层水(矿化度为 28291mg/L)配制起泡液，在不同浓度下分别测定 21 种不同起泡剂的泡沫体积、半衰期、泡沫综合指数、泡沫特征值及视黏度等性能参数，初步筛选出性能较好的6种起泡剂。

1）发泡体积

图3－1给出了成都兴华化工XHY系列起泡剂和东营浩宇化工起泡剂的实验结果。由图3－1可以看出，6种起泡剂的发泡体积，均随着起泡剂（有效）浓度的升高而增加，最后趋于平缓。其中，XHY－4K和XHY－2起泡剂的发泡体积，比其他4种起泡剂的发泡体积略高。当起泡剂XHY－4K和起泡剂XHY－2浓度均大于0.06%（有效）时，发泡体积随着起泡剂（有效）浓度增大而缓慢上升。但是，当起泡剂浓度为0.08%时，起泡剂XHY－4K的发泡体积大于起泡剂XHY－2的发泡体积。

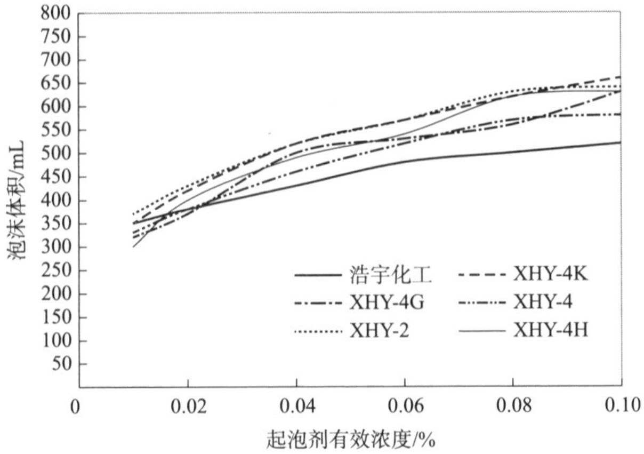

图3－1　起泡剂浓度对泡沫发泡体积的影响

2）泡沫半衰期（$t_{1/2}$）

泡沫半衰期是指泡沫体积消去一半所需要的时间，反映泡沫的稳定性。图3－2给出了XHY系列起泡剂和浩宇化工起泡剂浓度对泡沫半衰期影响的实验结果。由图3－2可以看出，在低浓度范围，随着起泡剂有效浓度的增大，泡沫半衰期均上升。之后，随着起泡剂有效浓度的增大，泡沫半衰期呈现出基本不再变化或略微升高的特点。其中，对于效果较好的起泡剂XHY－4K来说，当（有效）浓度在0.01%～0.04%的范围内增大时，泡沫半衰期急剧上升，由102s增加到1662s；当（有效）浓度在0.04%～0.06%的范围内增大时，泡沫半衰期缓慢上升，仅由1662s增加到1814s；当（有效）浓度在0.06%～0.10%的范围内增大时，泡沫半衰期继续上升，由1814s增加到2326s，但增加的幅度小于泡沫半衰期在（有效）浓度0.01%～0.04%的范围增加的幅度。

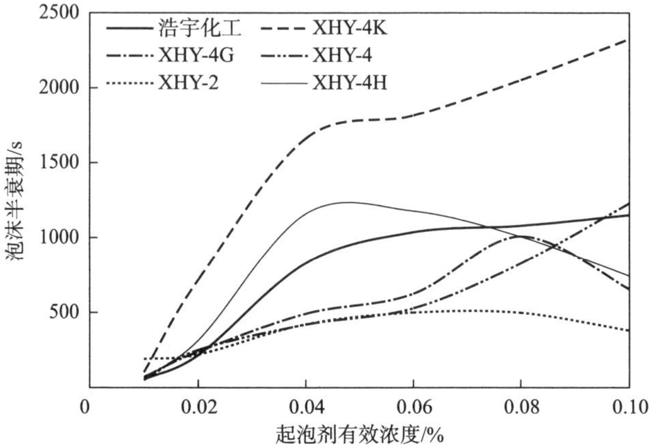

图 3 –2　起泡剂浓度对泡沫半衰期的影响

起泡剂 XHY –4K 相对于其他几种起泡剂 XHY –4H、XHY –4G、XHY –4、浩宇化工以及 XHY –2 来说，泡沫半衰期最高。为此，初步确定 XHY –4K 为文 120 块油藏空气泡沫驱油体系起泡剂。

3)泡沫综合指数

泡沫综合指数是起泡体积与泡沫半衰期的乘积。事实上，发泡体积和泡沫半衰期是两个相对独立的参数，发泡体积反映起泡的难易和数量；泡沫半衰期反映泡沫的稳定性。这两个参数都不能准确反映起泡剂在多孔介质中的性能，而又都是影响泡沫参数及性能的重要指标。因此，实际应用时，通常采用其乘积，即泡沫综合指数来评价泡沫的性能及参数。

图 3 –3 给出了起泡剂(有效)浓度对泡沫综合指数影响的关系曲线。由图中可以看出，泡沫综合指数曲线的变化趋势与泡沫半衰期曲线的变化趋势基本相同。当浓度在 0.01% ~0.04%(有效浓度)的范围内时，随着起泡剂浓度的增大，泡沫综合指数均增大。之后，随着起泡剂有效浓度的增大，泡沫综合指数平衡、降低或略微升高。其中，对于效果较好的起泡剂 XHY –4K 来说，当(有效)浓度在 0.01% ~0.04% 的范围内增大时，泡沫综合指数增加的幅度大于泡沫综合指数在有效浓度 0.06% ~0.10% 的范围内增加的幅度。当起泡剂浓度为 0.10% 时，XHY –4K 的泡沫综合指数最大，达到 1535160mL · s。

需要说明的是，当起泡剂浓度为 0.04% 时，起泡剂 XHY –4H 泡沫综合指数达到最大值。原因可能是由于在该浓度时，对应的泡沫半衰期较长，因而其泡沫综合指数也较大。

可见，泡沫综合指数最大的起泡剂为 XHY－4K。由此参数确定其为文120块油藏空气泡沫驱所选泡沫起泡剂。

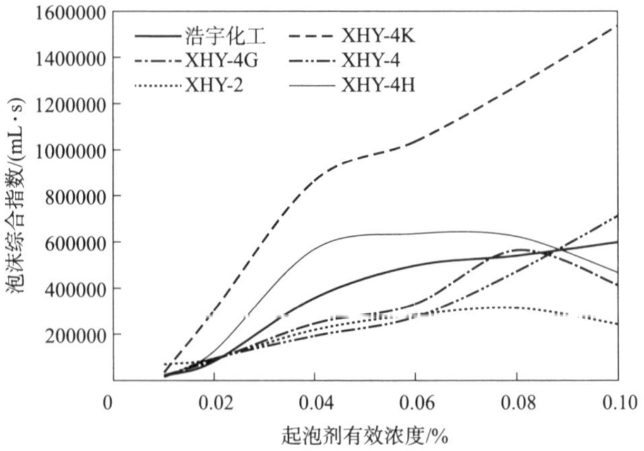

图3－3 起泡剂浓度对泡沫综合指数的影响

总之，由上述6种起泡剂筛选与评价结果可知，XHY－4K 起泡剂的7个指标相对较好。因此，将 XHY－4K 作为文120块空气泡沫驱起泡剂，并进一步评价。

3.1.3 起泡剂 XHY－4K 性能的评价

3.1.3.1 不同有效浓度对起泡剂 XHY－4K 性能的评价

在前面初筛选后，再对基本适合于文120块油藏的起泡剂 XHY－4K 进一步进行评价，并补充了低浓度和高浓度的相关参数，实验方法与起泡剂初筛选相同，其参数如表3－3所示。地层水配制发泡液，实验温度为油层温度(87℃)。

表3－3 不同浓度下 XHY－4K 起泡剂对起泡性能的影响

浓度(有效)/%	0.0001	0.001	0.0025	0.005	0.01	0.02
泡沫体积/mL	20	60	105	160	350	420
析液半衰期/s	—	—	8	16	22	41
泡沫半衰期/s	—	13	17	25	102	720
消泡时间/min	—	14	30	65	97	99
泡沫特征值/无量纲	—	—	—	—	0.429	0.524
综合指数/(mL·s)	—	780	1785	4000	35700	302400
视黏度/(mPa·s)	—	—	—	309.9	469.9	499.9

续表

浓度(有效)/%	0.04	0.06	0.08	0.10	0.15
泡沫体积/mL	520	570	620	660	700
析液半衰期/s	58	77	84	88	94
泡沫半衰期/s	1662	1814	2052	2326	2150
消泡时间/min	103	101	107	105	110
泡沫特征值/无量纲	0.615	0.649	0.677	0.700	0.714
综合指数/(mL·s)	864240	1033980	1272240	1535160	1505000
视黏度/(mPa·s)	584.9	614.9	659.9	689.9	759.9
浓度(有效)/%	0.2	0.25	0.3	0.35	0.4
泡沫体积/mL	740	760	780	800	820
析液半衰期/s	102	112	118	125	130
泡沫半衰期/s	1790	1400	862	672	652
消泡时间/min	109	107	108	112	110
泡沫特征值/无量纲	0.730	0.737	0.744	0.750	0.756
综合指数/(mL·s)	1324600	1064000	672360	537600	534640
视黏度/(mPa·s)	799.9	814.9	834.9	854.9	869.9

由表3-3可以看出，起泡剂XHY-4K在0.0001%超低(有效)浓度下，泡沫体积为20mL。当有效浓度为0.005%时，泡沫体积为160mL，泡沫半衰期为25s，泡沫消泡时间为65min。这表明即使起泡剂XHY-4K的泡沫或发泡液在油层渗流过程中，由于岩石的吸附和滞留作用、地层水的稀释作用而使其浓度降低后，在0.0001%超低(有效)浓度下，仍具有起泡能力。这对于油田实际应用具有重要意义。

图3-4是根据上述实验数据绘制的曲线。由图3-4可以看出，发泡体积随起泡剂浓度的增加而增加。当起泡剂有效浓度低于0.01%时，随着起泡剂浓度的增大，泡沫的发泡体积急剧增加。发泡液的发泡体积由20mL增加到350mL，增加了16.5倍；随着起泡剂浓度的增加，发泡体积(在浓度0.01%~0.10%范围内)增加的幅度小于低浓度(<0.01%)条件下发泡体积的增加幅度。当浓度在0.01%~0.10%范围内，发泡体积由350mL增加到660mL，仅增加0.88倍；当浓度在0.10%~0.40%范围内，随着起泡剂浓度的增加，发泡体积增加的幅度进

一步降低。由0.10%时的660mL小幅度地增加到820mL。这是由于浓度低时，起泡剂的表面吸附量低；浓度增加，表面吸附量随之增大，表面张力进一步降低，发泡能力增强。在表面吸附达到饱和后，浓度进一步增加，减弱了Marangoni效应，发泡体积变化不大。

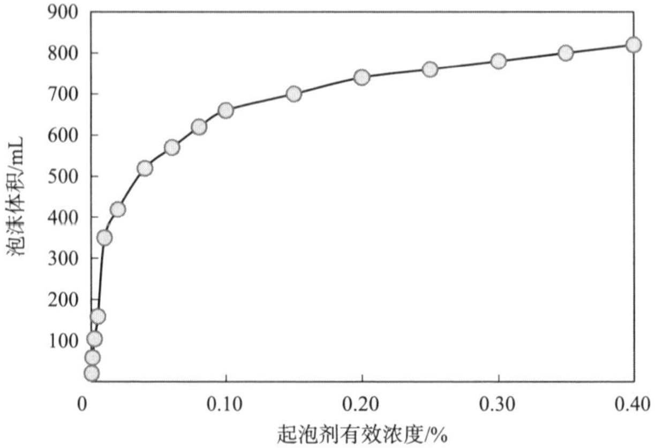

图3-4 起泡剂XHY-4K浓度对发泡体积的影响

泡沫半衰期的曲线规律和趋势与发泡体积的相似(图3-5)，只是在其有效浓度为0.10%时，泡沫半衰期达到最大值2326s。当起泡剂浓度大于0.25%后，泡沫半衰期基本不再变化，说明起泡剂XHY-4K不仅在超低浓度下(0.0001%)仍然具有理想的发泡能力，且泡沫稳定性较好。形成泡沫半衰期先升高后降低的主要原因是：XHY-4K低浓度时随着起泡剂浓度的增加，泡沫表面吸附的起泡剂量得到补充，降低了泡沫的表面张力，增强了泡沫的稳定性；但当起泡剂浓度

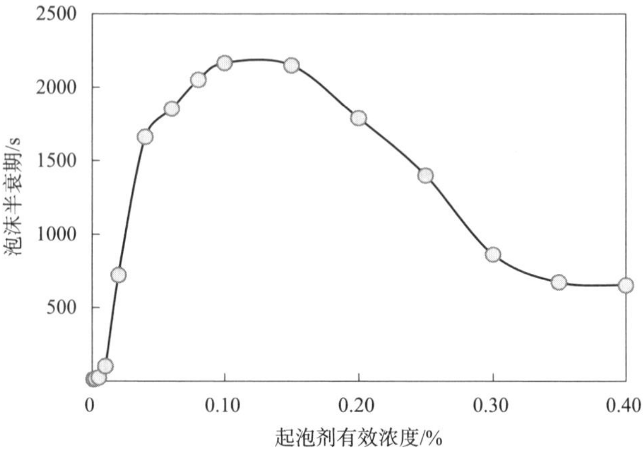

图3-5 起泡剂XHY-4K不同浓度对泡沫半衰期的影响

达到一定程度时，泡沫表面吸附达到饱和，起泡剂质量浓度的增加反而会减弱液膜的自动修复效应，进而削弱泡沫的稳定性。

由图3－6可以看出，曲线为开口向下的抛物线。当浓度在0.0001%～0.10%时，随着起泡剂XHY－4K有效浓度的增加而急剧增加，并在浓度为0.15%时达到最大值，为1520000mL·s。当浓度在0.15%～0.30%之间时，泡沫综合指数随起泡剂XHY－4K有效浓度的增加而急剧降低；当有效浓度大于0.30%时，泡沫综合指数基本不再变化。

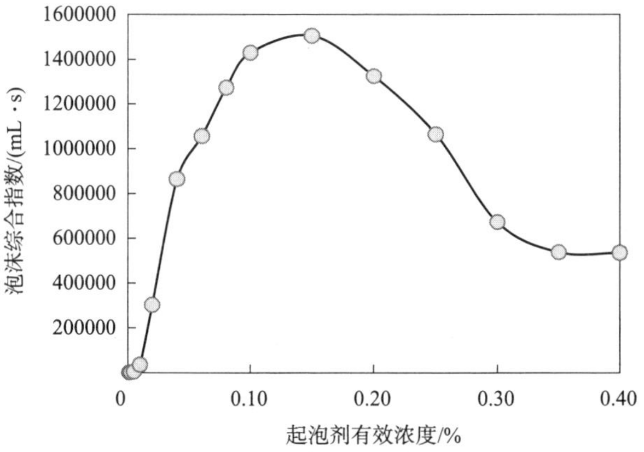

图3－6 起泡剂XHY－4K浓度对泡沫综合指数的影响

3.1.3.2 矿化度对起泡剂XHY－4K性能的影响

文120块油藏投入水驱开发后，注入了大量与地层水矿化度及组成不同的水。显然，由于注入水矿化度与地层水的矿化度及离子组成不同，长期注水后，因油层的非均质性，高渗透层中的地层水被注入水长期且大量稀释与混合；中等渗透层中的地层水被注入水部分稀释、混合；低渗透层中的地层水未被注入水稀释、混合或极少量被注入水稀释、混合。使得文120块油藏油层中，纵向不同层位、平面不同位置的地层水矿化度不同。因此，室内精心筛选的起泡剂，应该在油层不同的矿化度范围内，仍然具有理想的起泡性能及驱油作用。

由图3－7可以看出，二者均随矿化度的增加而下降，但降低幅度不大，筛选的起泡剂XHY－4K在文120块油藏高矿化度(28291mg/L)下，仍然具有较高的发泡能力(660mL)和较长的泡沫半衰期(2326s)；在用蒸馏水配制的溶液时，泡沫体积达750mL，泡沫半衰期达2803s。尽管随着矿化度的增高，文120块油藏泡沫体系的发泡体积及泡沫半衰期逐渐降低，但幅度不大，进一步证明所选发泡体系适合于文 120 块油藏。

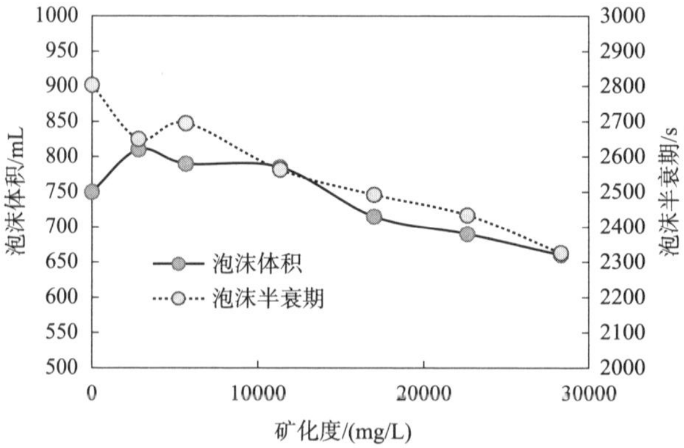

图 3－7 矿化度对 XHY－4K 泡沫体积和泡沫半衰期的影响

图 3－8 进一步说明了发泡体系随矿化度的增加，体系的发泡能力与泡沫稳定性呈降低的趋势，但幅度不大。用蒸馏水配制的 XHY－4K 起泡剂溶液的综合指数由 2102250mL·s 下降到由地层水配制起泡剂溶液的 1536160mL·s。尽管如此，高矿化度条件下的泡沫综合指数仍然较高，可以满足油田空气泡沫驱实际生产应用。

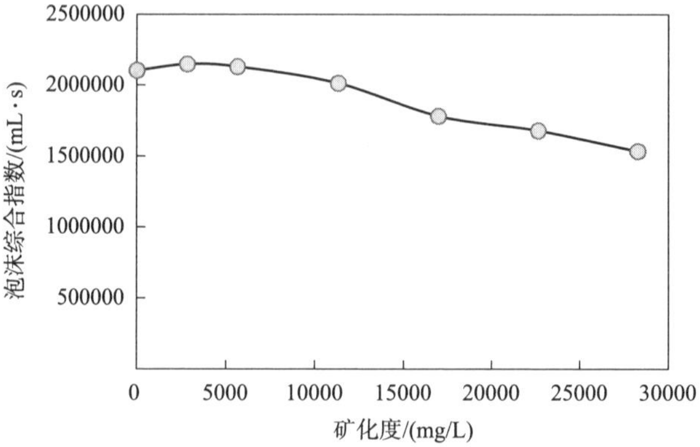

图 3－8 矿化度对 XHY－4K 泡沫综合指数的影响

图 3－7 及图 3－8 的结果表明，尽管随着矿化度的增高，文 120 块油藏泡沫体系的发泡体积及泡沫半衰期降低，但幅度不大，进一步证明所选发泡体系适合于文 120 块油藏。

3.1.4 界面张力与表面张力的测定

3.1.4.1 界面张力的测定

原油在87℃条件下的密度为0.9029g/cm³；油水密度差为0.1743g/cm³。实验用水均由文120块油藏的地层水配置。

由图3－9可以看出，当发泡剂XHY－4K有效浓度在0～0.02%内，随着发泡剂浓度的增加，油水界面张力急剧下降；当发泡剂浓度在0.02%～0.08%内，随着浓度的增加，油水界面张力逐渐降低，但幅度不大，且起泡剂浓度为0.05%(有效)时，发泡液与文120块原油的界面张力降低到10^{-1}mN/m数量级；当发泡剂浓度在0.1%～0.2%内，油水界面张力不再进一步降低；在浓度为0.1%(有效)时，界面张力达到最低，为0.215mN/m。

综上可见，在文120块油藏条件下，发泡液与原油界面张力为10^{-1}mN/m数量级的低值，在一定程度上具有活化残余油、提高驱油效率的作用。

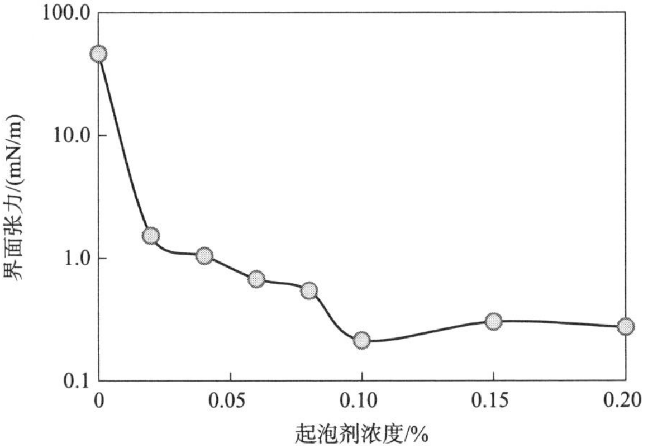

图3－9 XHY－4K溶液界面张力随浓度变化

3.1.4.2 表面张力的测定

为了进一步评价发泡剂的效能与效率，还进行了表面张力测定实验。实验室测得地层水的表面张力为72.78mN/m。本次实验的溶液皆由文120块油藏地层水配置。发泡剂XHY－4K的有效浓度分别为0.0005%、0.001%、0.005%、0.01%、0.015%、0.02%、0.03%、0.04%、0.06%、0.08%及0.1%。实验温度为油层温度(87℃)，如图3－10所示。由图3－10可见，拐点以后，溶液的表面张力基本不再变化，此拐点浓度即为CMC值[XHY－4K为15.4mg/L(0.05mmol/L)，效能γ_{CMC}=23.628mN/m]。在浓度未达到CMC值时，XHY－4K

表面张力随着溶液浓度的增加而不断下降。当浓度大于 CMC 值后，进一步增大浓度，溶液中发泡剂 XHY－4K 单分子浓度基本维持不变，表面张力趋于平衡。

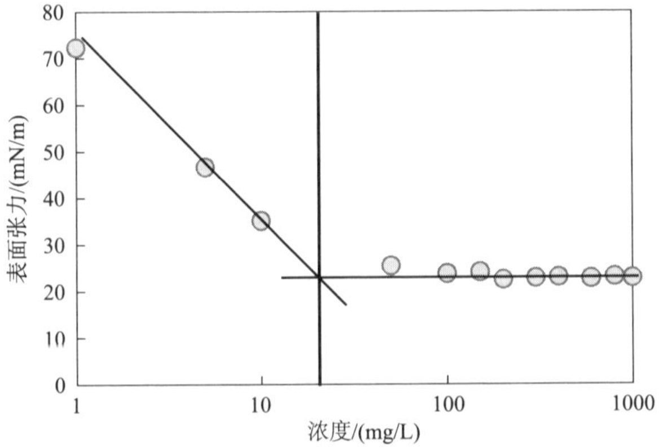

图 3－10 XHY－4K 溶液表面张力与浓度关系

3.1.5 起泡剂在油砂上的静吸附

3.1.5.1 实验方法

称取 100～200 目的文 120 块的油砂(精确到 0.0001g)放入 100mL 锥形瓶中，然后加入发泡液，置于 87℃恒温烘箱中振荡至吸附平衡。在同一温度下静置适当时间后，将上层溶液转入离心管中，以转速 1000r/min 离心时间 10min，抽取中间层清液用两相滴定法测定平衡浓度，同样测定不加岩石的空白对照样的浓度作为初始浓度。

由两者之差计算吸附量：

$$P=\frac{(C_0-C)MV}{W} \tag{3-1}$$

式中，P 为吸附量，mg/g；C 为平衡浓度，mol/L；C_0 为初始浓度，mol/L；V 为吸附溶液的体积，mL；W 为岩芯质量，g；M 为起泡剂的平均摩尔质量，g/mol。

起泡剂 XHY－4K 平均当量 $M=308$(g/mol)。空白样在离心前后测得的偏差小于 1%，表明试样和空白样间的浓度差完全由岩石吸附所致。

3.1.5.2 结果与讨论

1)岩石矿物质量和溶液体积比(固液比)对吸附量的影响

由图 3－11 可知：固液比对吸附量有一定影响，当起泡剂 XHY－4K 有效浓度为 0.04% 时，其吸附量趋势呈先上升后下降，在固液比达到 1∶4 时达到最大值，此时吸附量为0.3168mg/g，之后吸附量缓慢降低。当起泡剂 XHY－4K 有效浓度为0.10%时，其吸附量曲线呈先上升后下降的趋势，在固液比达到1∶3时达到最大值，此时吸附量为0.3365mg/g。在固液比达到1∶3后吸附曲线明显向下弯曲，即吸附量大幅度下降。

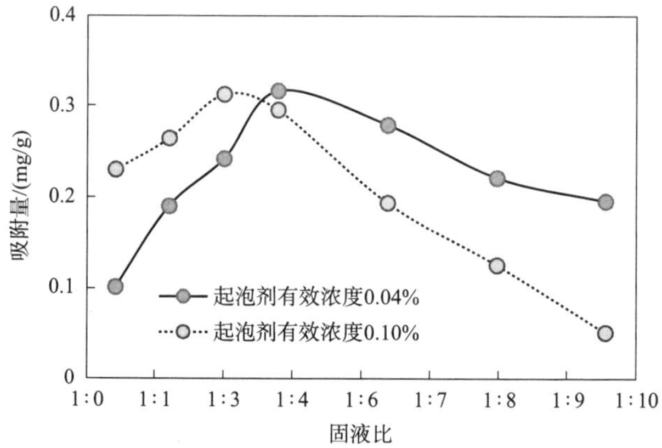

图3－11　不同固液比对起泡剂 XHY－4K 吸附量的影响

2)浓度对吸附量的影响

用模拟地层水配制不同有效浓度的起泡剂溶液，做吸附等温曲线考察浓度对吸附量的影响，其他实验条件不变。

图3－12给出了起泡剂在油层油砂上的等温吸附曲线。由图3－12可见，文120块油藏泡沫驱油体系在其油层油砂上的等温吸附曲线不符合 Langmuir 等温吸附曲线规律。随着发泡剂在溶液中平衡(有效)浓度的增高，吸附量曲线为开口向下的抛物线。在浓度较低条件下，发泡剂的吸附量较小；随着浓度增高，起泡剂的吸附量逐渐增大。当浓度达到0.2%时，吸附量达到最大值，为0.4101mg/g，当浓度大于0.2%时，随着浓度增高，起泡剂的吸附量反而降低。这是因为，高浓度的表面活性剂溶液中存在大量的胶束，这些胶束对岩石

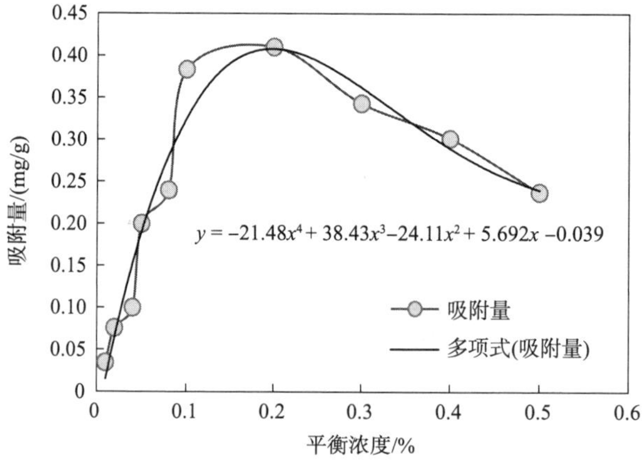

图3－12　平衡浓度对起泡剂 XHY－4K 吸附量的影响

矿物表面的油质具有增溶作用，从而将油质溶出并使之进入液相。实验中溶液离心后，上层清液在溶液浓度低时是无色的，随着溶液浓度的增大，上层清液由无色变为淡黄色，最后变为棕黄色，这与吸附等温线的降低趋势吻合。

在油层条件下，注入低浓度的起泡剂溶液，油砂的吸附量小，起泡剂溶液损耗少，使起泡剂的用量降低，当起泡剂有效浓度为 0.10% 时，对应的吸附量为 0.3836mg/g，泡沫体积为 660mL，泡沫半衰期为 2326s。可见，即使起泡剂的浓度非常低，也可以达到理想的驱油效果。

3) 矿化度对吸附的影响

用不同矿化度的模拟地层水配制 0.04% 和 0.10% 两个浓度的起泡剂溶液，进行矿化度对吸附的影响实验，其他实验条件不变。结果表明，矿化度对起泡剂 XHY－4K 在油层岩石的吸附量的影响不大(图 3－13)。

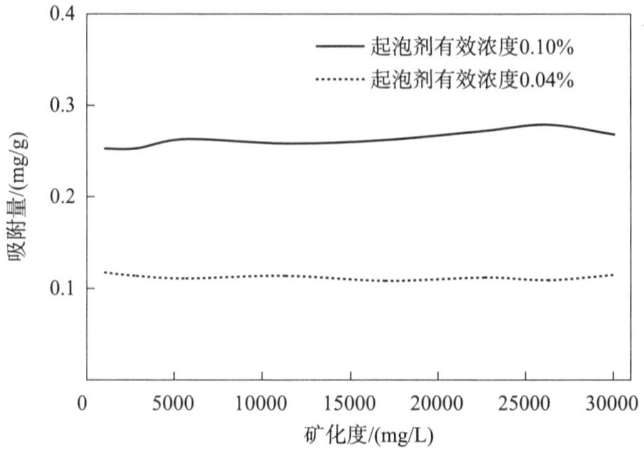

图 3－13 矿化度对起泡剂 XHY－4K 吸附值的影响

4) 泡沫条件下，油砂对起泡剂的吸附

事实上，实施泡沫驱后，驱油体系是以泡沫流体的形式在油层岩石中渗流。这时发泡剂在岩石上的吸附滞留特征及滞留量与起泡剂溶液在岩石上的吸附规律及吸附量不同。因此，研究泡沫体系条件下，发泡剂在岩石上的吸附规律、吸附特征及吸附量，对于合理设计起泡剂的注入浓度、注入段塞等具有重要意义。

实验中，将 100～200 目岩砂浸入泡沫。由于起泡剂溶液起泡后浓度会有一定程度的变化，且实验材料对其也有一定的吸附能力，故先做空白，扣除空白影响后，以得到吸附量的准确值。

空白条件为：常温、起泡剂溶液体积为 50mL、200 目的涤纶网格作为岩芯载体，紫铜丝作为涤纶网子载体，搅拌起泡时间为 8h，然后关掉搅拌器，这时泡沫完全浸没网格和固定网格的铜丝，采取24h测定一个溶液中起泡剂XHY－4K的浓度，数据如表3－4所示。

表3－4 泡沫条件下起泡剂吸附量实验结果

时间/d	起泡剂溶液用量/mL	氯化苄苏鎓溶液滴定前滴定管读数/mL	氯化苄苏鎓溶液滴定后滴定管读数/mL	氯化苄苏鎓消耗体积/mL
1	2.00	8.00	28.60	20.60
2	2.00	5.00	20.40	15.40
3	2.00	12.00	25.20	13.20
4	2.00	25.00	38.00	13.00
5	2.00	6.00	18.80	12.80
6	2.00	12.00	23.60	11.60
7	2.00	0	11.60	11.60
8	2.00	15.00	26.60	11.60
9	2.00	18.00	29.60	11.60

体系稳定后，第8天在泡沫体系中加入1.9996g岩砂，并用氯化苄苏鎓溶液滴定起泡剂溶液下层溶液，消耗氯化苄苏鎓溶液体积为0.48mL，由公式计算得到：

$$p=\left[\frac{0.48\times 0.00015}{2}\times(50-2\times 7)\times 308\right]/1.9996=0.1996(\mathrm{mg/g}) \quad (3-2)$$

式中，0.48为消耗的氯化苄苏鎓溶液体积，mL；0.00015为氯化苄苏鎓溶液的浓度，mol/L；$50^{-2}\times 7$为修正系数，因为从50mL起泡剂溶液体系中分7次各取2mL溶液以滴定，mL；308为阴离子表面活性的平均摩尔质量，g/mol；1.9996为岩芯质量，g。

可见，泡沫条件下，起泡剂的吸附量为0.1996mg/g，低于溶液条件下的吸附量0.3836mg/g，只有溶液条件下的52.03%。结果表明，泡沫体系可以大幅度降低表面活性剂的损耗量。

3.1.6 高温高压下起泡剂XHY－4K的评价

前述的所有实验在文120块油藏油层温度(87℃)及常压条件下进行筛选和评价。事实上，由于实际油层压力远远大于前面实验时的常压，因此利用高温高压泡沫评价装置对XHY－4K起泡剂进行进一步的评价。

3.1.6.1 压力对泡沫大小的影响

图3－14是通过放大可视探针拍摄的实际图像。探针外径为7.1mm，内径可视镜头为1mm。根据圆形面积公式 $S=\pi r^2$，计算出可视镜头的面积为0.785mm²。同时，依据数学计算方法，从拍摄图像中读取泡沫的平均个数，从而计算出泡沫直径大小。计算结果表明，常压(0.1MPa)下的泡沫直径，明显大于高压(10MPa、15MPa)下的泡沫直径。经过计算，常压(0.1MPa)泡沫的平均直径为 7.321×10^{-1}mm，10MPa下泡沫的平均直径为 3.679×10^{-3}mm，15MPa下泡沫的平均直径为 1.879×10^{-3}mm。通常，在相同压力条件下，泡沫直径越小，起泡液的起泡能力越强、泡沫的稳定性越好；泡沫大小越均匀、泡沫越稳定。

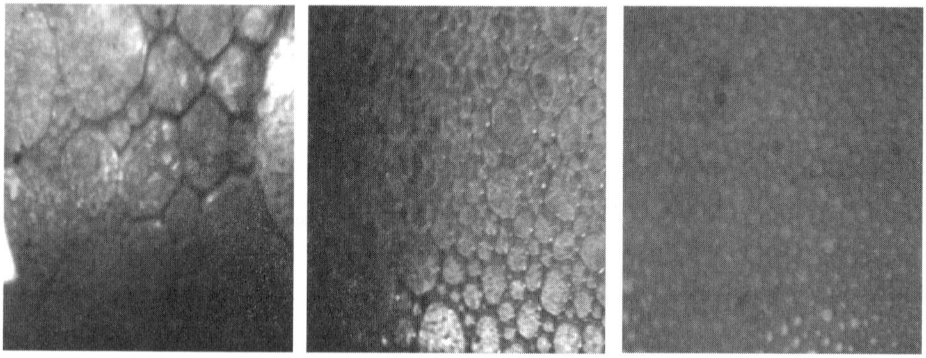

(a)压力为0.1MPa (b)压力为10MPa (c)压力为15MPa

图3－14 压力对泡沫直径大小的影响

3.1.6.2 压力对泡沫性能的影响

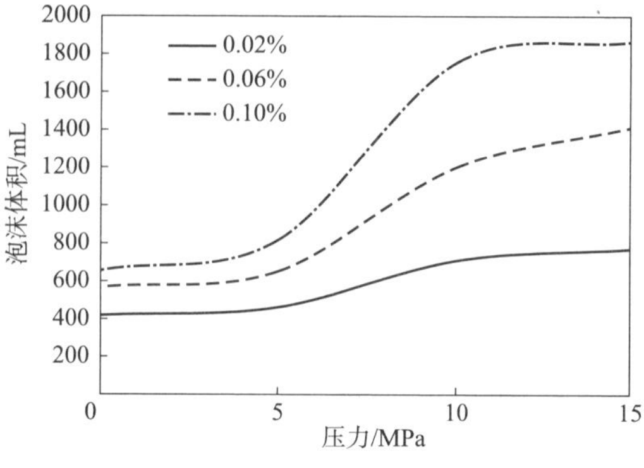

图3－15 压力、起泡剂浓度对XHY－4K发泡沫体积的影响

由图3－15可以看出，在相同的压力(5MPa、10MPa、15MPa)条件下，起泡剂(有效)浓度越高，发泡体积、泡沫半衰期、泡沫综合指数越大；在起泡剂浓度相同(0.02%、0.06%和0.10%)条件下，压力越高，发泡体积、泡沫半衰期、泡沫综合指数越大。当5MPa≤压力≤10MPa时，压力对发泡体积、泡沫半衰期、泡沫综合指数的影响均最大。当压力大于10MPa时，压力对发泡体积、泡沫半衰期、

泡沫综合指数的影响均较小。

值得注意的是：室内实验最大压力为 15MPa，一是因为当压力 > 10MPa 时，压力对起泡剂性能的影响较小；二是考虑到高温高压评价装置的连接管线等实验设备的极限压力。所以实验的最高压力低于文 120 块油藏的实际地层压力。

由图 3 - 16 和图 3 - 17 可见，起泡剂有效浓度为 0.10%、压力为 15MPa 时，200mL 泡沫体系的起泡体积和泡沫半衰期分别为 1865mL 和 3756s，其泡沫综合指数为 116749mL · min(换算的单位)。

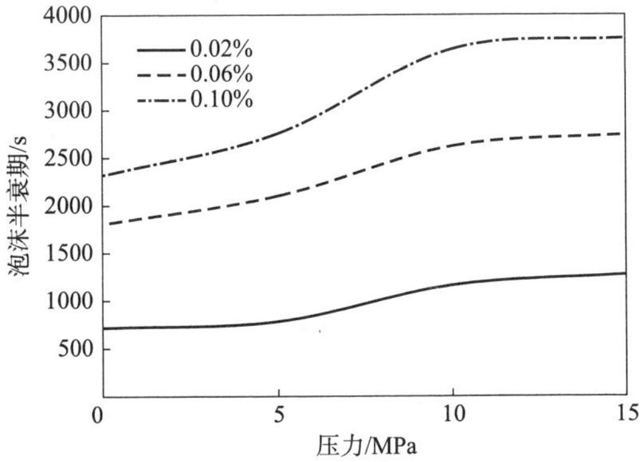

图 3 - 16　压力、起泡剂浓度对泡沫半衰期的影响

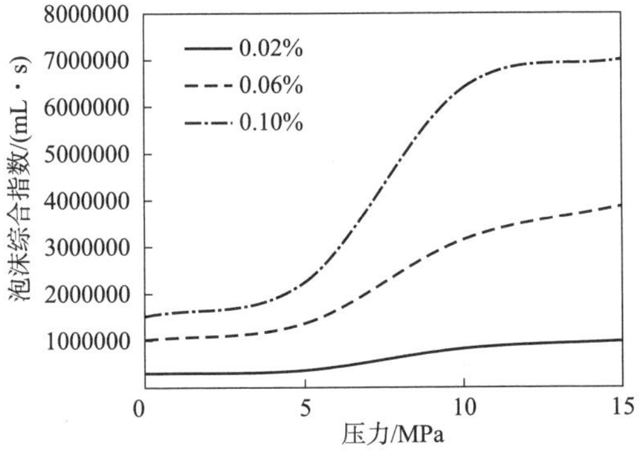

图 3 - 17　压力、起泡剂浓度对泡沫综合指数的影响

综上可知，高压条件下，表征泡沫起泡能力的起泡体积和稳定性的泡沫半衰期，随压力的上升而增加。在实际应用中，由于地层压力较高，起泡剂 XHY - 4K 高压条件下的性能有利于文 120 块油藏空气泡沫驱的矿场应用试验。

3.1.7　样品筛选小结

(1)最终优选出起泡剂为 XHY - 4K，最低起泡浓度为 0.0001%。根据室内评价结果，确定使用浓度为0.1%（有效浓度）。

（2）优选泡沫体系（有效浓度为0.1%的XHY－4K）的起泡能力和泡沫稳定性随矿化度的增加呈降低的趋势，但降低幅度不大。在高矿化度（28291mg/L）下，泡沫综合指数仍较高（1536160mL·s）。

（3）优选泡沫体系（有效浓度为0.1%的XHY－4K）可以大幅度降低表面活性剂的损耗量，泡沫条件下，起泡剂的吸附量为0.158mg/g，低于溶液条件下的吸附量为0.3836mg/g，只有溶液条件下的41.19%。

（4）高压条件下，表征泡沫起泡能力的起泡体积和稳定性的泡沫半衰期，随压力的上升而增加。优选泡沫体系（有效浓度为0.1%的XHY－4K）在压力为15MPa时，200mL起泡液的起泡体积和泡沫半衰期分别为1865mL和3756s，其泡沫综合指数为116749mL·min。

3.2 岩芯驱替实验及评价

在文120块油藏油层温度（87℃）、地层水、原油、油层岩芯等条件下，利用前面筛选确定的泡沫驱油体系，开展了岩芯驱替实验。包括单管岩芯驱替实验、双管岩芯驱替实验，主要研究驱替速度、含油饱和度、有效浓度、气液比对起泡能力的影响及段塞大小、渗透率级差等对驱油效果的影响。

3.2.1 单管岩芯驱替实验

3.2.1.1 实验流程

图3－18给出了单管岩芯驱替实验流程，主要包括高压气瓶、恒速平流泵、长岩芯及各种中间容器。

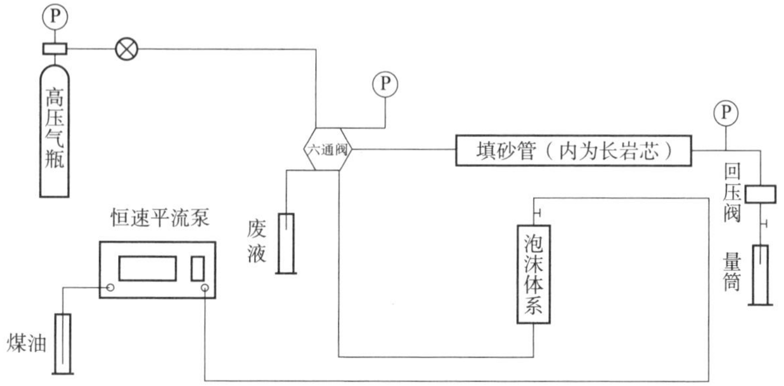

图3－18 单管岩芯驱替实验流程

3.2.1.2 实验条件

(1)实验用水：模拟地层水及清水。

(2)起泡剂：XHY－4K，有效浓度为0.1%。

(3)实验用气体：空气，气体压力为15MPa。

(4)实验岩芯：填砂管模型3种，直径为3.8cm，长度为2m；直径为5.08cm，长度为1.3m；直径为3.9cm，长度为0.2m。

(5)实验用砂：100～200目的石英砂。

(6)实验温度：87℃。

3.2.1.3 实验方法

(1)将填砂模型接入流程。

(2)将模型抽真空至－720mmHg柱，饱和地层水。

(3)以一定的注入速度开始水驱，测定填砂模型渗透率。

(4)将起泡剂与空气交替注入填砂模型。

(5)实时记录填砂管各处压力表示数。填砂管上装有四个精密压力表，记录填砂管的压力分布，通过压力的变化，表述泡沫在孔隙介质中封堵能力、泡沫的渗流特征及规律。

3.2.1.4 起泡剂对泡沫在孔隙介质中渗流特征的影响

1)起泡剂浓度对阻力系数/残余阻力系数的影响

岩芯驱替实验中，起泡剂为XHY－4K；驱替线速度为1.0m/d；填砂管长度为2m，孔隙体积为840mL，孔隙度为35.2%，渗透率为$402\times10^{-3}\mu m^2$。P_1和P_4为填砂管首尾压力表示数，P_2和P_3则为填砂管中间的两个压力表的示数，两个压力表之间相距1m，距首尾两端距离都为0.5m。

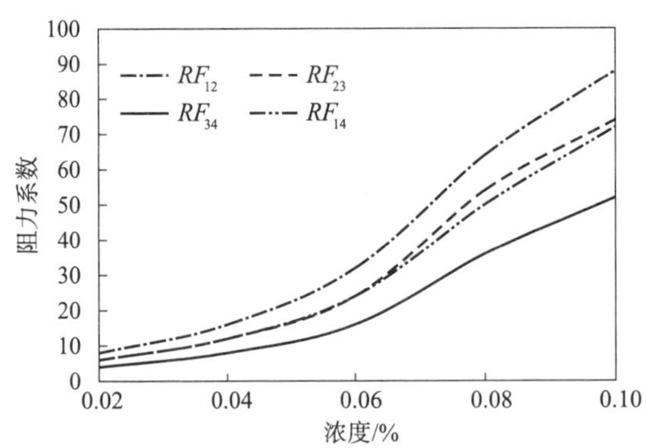

图3－19 不同起泡剂浓度对泡沫阻力系数的影响

图3－19中，RF_{12}为填砂管上压力表P_1和P_2之间的平均阻力系数。同理RF_{23}和RF_{34}则分别表示压力表P_2和P_3以及P_3和P_4之间的平均阻力系数，RF_{14}为整支填砂管平均阻力系数。阻力系数反映了泡沫封堵及提高油层波及效率能力。

RF_{14}在起泡剂浓度0.02%～0.06%之间变化时，阻力系数缓慢增加，由0.02%时的5增加到0.06%时的24。当起泡剂浓度由0.06%增加到0.10%时，RF_{14}增加较快，由0.06%时的24增加到0.10%时的72。当起泡剂浓度为0.10%时，有最大阻力系数。RF_{12}、RF_{23}、RF_{34}的变化趋势与RF_{14}大致相同。

根据油田已经开展及实施的三次采油先导性矿场试验、扩大矿场试验以及工业性推广试验的结论，例如，聚合物驱、碱/表面活性剂/聚合物三元复合驱以及表面活性剂/聚合物二元复合驱等，当驱油体系的阻力系数为20～50时，具有理想的驱油效果。

可见，在文120块条件下，泡沫体系的阻力系数在30～90之间时，可以满足提高采收率对阻力系数的要求。

从岩芯驱替实验效果和经济因素两方面考虑，确定起泡剂浓度为0.1%。

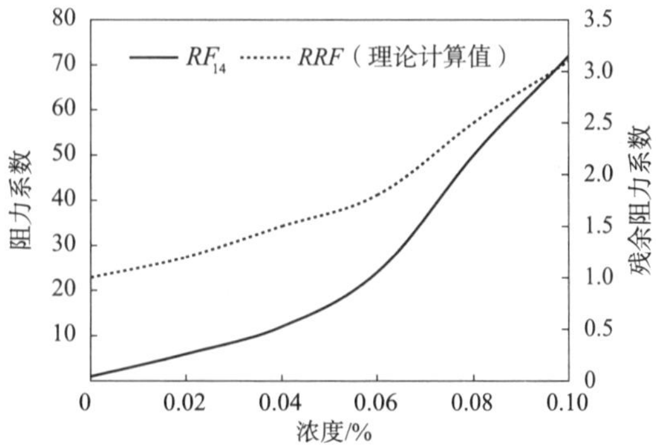

图3－20 不同起泡剂浓度对泡沫阻力系数与残余阻力系数的影响

由图3－20可以看出，当起泡剂浓度为0.02%时，残余阻力系数仅为1.2；浓度为0.04%和0.06%时的残余阻力系数也较低，分别为1.5和1.8；当浓度为0.08%时，泡沫体系的残余阻力系数为2.5；当浓度为0.10%时，残余阻力系数达到最大值3.1。

需要说明的是，对于聚合物驱来说，通常残余阻力系数在1.8～2.1之间。大量的先导性矿场试验、扩大的矿场试验以及工业性应用结果表明，当残余阻力系数在2左右，即具有理想的驱油效果。

2)泡沫驱阻力系数动态特征

图3－21给出了起泡剂浓度为0.1%时，阻力系数随注入量增大时的动态变化曲线。RF_{14}为整支填砂管平均阻力系数，横坐标零点为空气泡沫驱的起点。由图3－21可以看出，随着注入段塞的增大，阻力系数迅速增加；当空气泡沫注入量为1.0PV时，阻力系数达到最大值，为82。之后，进行后续水驱。随着注入量的增大，阻力系数由1.0PV时的82急剧下降到1.4PV时的48。随着注入量的进一步增大，阻力系数由1.4PV时的48迅速下降到3.2PV时的3.3。但前者的下降幅度大于后者。当注入量由3.2PV增大到4.0PV时，阻力系数趋于稳定，维持在3.1，此时的阻力系数即为残余阻力系数。

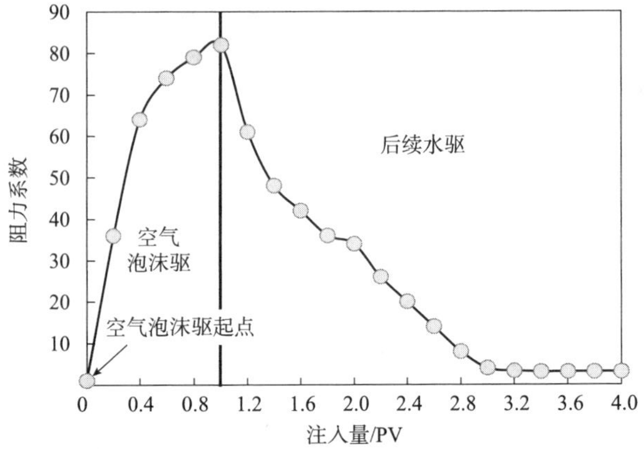

图 3-21　起泡液注入量与阻力系数的变化曲线

聚合物驱的残余阻力系数在 1.7～2.0 之间，起泡剂浓度为 0.1% 时，文 120 块油藏空气泡沫驱的残余阻力系数为 3.1。文 120 块油藏的残余阻力系数较高，可以理想地大幅度提高原油采收率。究其原因是表面活性剂被吸附在岩芯孔隙介质表面以及泡沫的封堵作用，致使少量空气被“锁”在孔隙喉道中，即使在后续水驱阶段注入了较大的段塞，滞留于孔隙介质中的气体在驱替压力条件下仍继续向前运移。在运移过程中，气体仍然可以与岩石脱附下来的发泡剂产生新的泡沫，最终使得泡沫驱的残余阻力系数较高。

3.2.1.5　起泡剂动滞留量

前面提到，泡沫驱油过程中发泡剂在油层岩石上必然产生吸附与滞留。起泡剂在岩石上的损耗量，不仅影响体系配方，还影响驱油体系在油层中的实际有效作用距离，进而最终影响驱油效果。因此，准确确定发泡剂的动滞留量，是空气泡沫驱研究的重要内容。

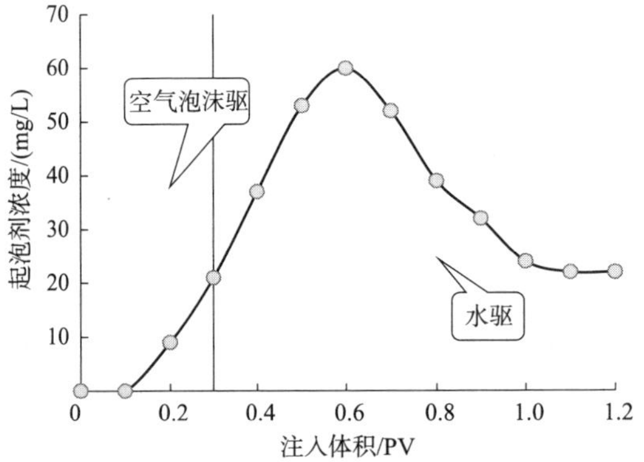

图 3-22　产出液起泡剂浓度变化曲线(段塞 0.3PV)

图 3-22 给出了填砂管(段塞 0.3PV)产出液起泡剂浓度变化曲线，饱和水结束后注入 0.3PV 空气泡沫，再转为水驱。其中，注入量为 0.6PV 时，填砂管产出液起泡剂浓度达最高值，为 60mg/L。

分别将填砂管每 PV 下分流量数值乘以起泡剂对应的浓度

值，计算出产出液中总共含起泡剂37.1PV·mg/L，而起泡剂的总注入量为150PV·mg/L。结果表明，在空气泡沫驱过程中，起泡剂共产出24.7%，而75.3%(112.9PV·mg/L)的起泡剂残留于岩石中(少量滞留于原油中)。这也进一步证明了，泡沫驱油体系残余阻力系数较大的原因。

注入泡沫驱油体系0.098PV后，产出液中开始有发泡剂产出并逐渐增多。后续水驱注入0.3PV(总注入0.6PV)时，起泡剂产出浓度达到最大值，为60mg/L(即0.006%)。前面实验筛选中有效浓度0.006%的起泡剂XHY－4K对应的起泡体积为200mL左右，泡沫半衰期为40s左右，而该浓度虽然低于0.1%，仍然可以高效发泡且有理想的阻力系数及残余阻力系数，说明前面筛选确定的泡沫驱油体系及确定的有效浓度0.1%(即1000mg/L)合理，可以确保泡沫在地层渗流过程中自入口端(注入井)到出口端(生产井)全过程高效驱油。

3.2.1.6 流速对泡沫在孔隙介质中渗流特征的影响

前面提到，泡沫的生成机理包括高速(如近井地带流动生成机理)、低速(如油层深部流动生成机理)。对于泡沫驱来说，在注入井近井地带、油层深部以及油井井底，流体的渗流速度差异较大；高渗透层、中渗透层以及低渗透层的吸水量差异也较大，流体渗流速度差异也非常大。显然，渗流速度必将严重影响泡沫的渗流特征。

1)流速对阻力系数的影响

填砂管长度为2m，孔隙体积为825mL，孔隙度为34.5%，渗透率为402×$10^{-3}\mu m^2$。考虑到文120块主力层油藏水线推进速度在0.5～3m/d之间，室内实验时确定驱替线速度为0.1～3m/d。

当线速度在0.1～0.3m/d的范围内增加时，阻力系数RF_{14}缓慢增大，由流速为0.1m/d时的12，增加到流速为0.3m/d时的16；当线速度在0.3～1.0m/d的范围内增加时，阻力系数RF_{14}急剧增大，由0.3m/d时的16，急剧增加到1.0m/d时的66；当线速度在1.0～3.0m/d的范围内增大时，阻力系数RF_{14}略有增加。阻力系数RF_{12}、RF_{23}及RF_{34}也有相同趋势(图3－23)。

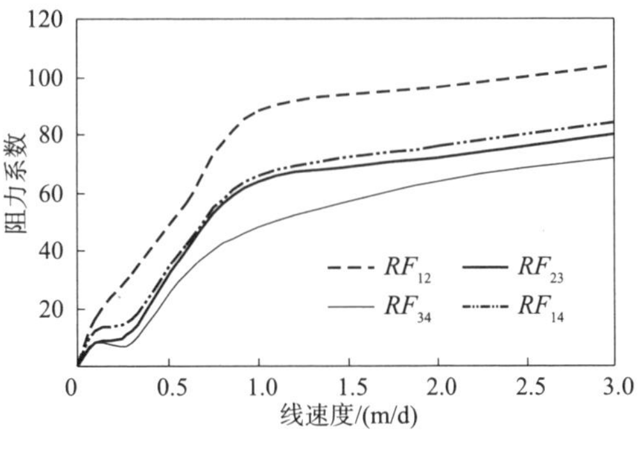

图3－23 泡沫渗流线速度对填砂管阻力系数的影响

入口端的阻力系数高，出口端

低，但是仍然可以满足驱油的条件。说明入口端的泡沫生成速度大于出口端，入口端的泡沫消泡速度小于出口端。

值得注意的是，即使在低流速(0.1～0.3m/d)条件下，尽管泡沫数量相对较少，但泡沫的阻力系数仍可达到12～16。因此，文120块油藏泡沫驱的临界起泡速度为0.1m/d，且随着流速的增加，阻力系数将进一步增加。因此，泡沫体系具有理想的阻力系数，完全可以满足文120块油藏泡沫驱的实际生产及应用。

2)流速对泡沫起消泡的影响

前面阻力系数实验结果表明，泡沫在孔隙介质中渗流时，后部即距离出口端较近位置处的阻力系数有所降低，这表明泡沫的封堵能力有所下降。

图3－24给出了泡沫渗流线速度压差梯度的影响，即间接反映了泡沫起泡速度与消泡速度的关系。ΔP_{12}为填砂管中压力表P_1与压力表P_2之间的压力梯度。同理，ΔP_{23}、ΔP_{34}分别为压力表P_2与压力表P_3、压力表P_3与压力表P_4之间的压力梯度；ΔP_{14}为填砂管的压力梯度。

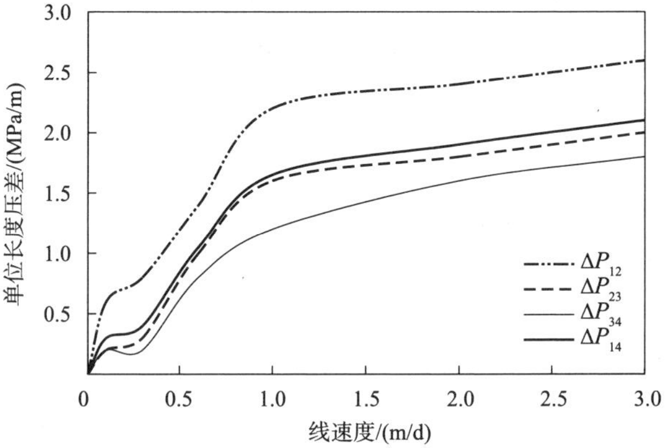

图3－24　泡沫渗流线速度对泡沫驱压力梯度的影响

由图3－24可以看出，曲线的总体趋势：随着线速度的增加，泡沫的压力梯度逐渐增大，说明线速度越高，起泡液的发泡能力越强；随着线速度的增大，曲线分为缓慢上升阶段、急剧上升阶段以及缓慢上升或平滑阶段。在渗流线速度从0.1～3.0m/d逐渐增大过程中，总有$\Delta P_{12}>\Delta P_{23}>\Delta P_{34}$，即填砂管前端泡沫的封堵能力大于末端，起泡速度略小于消泡速度，但是仍然可以满足驱油的条件。

可见，拐点处对应的线速度也为0.1m/d。

3)泡沫渗流速度与泡沫有效黏度($\mu_{有效}$)关系

假设气液在孔隙介质中渗流时，完全形成泡沫且为一个均匀相。同时，进一步假设渗流过程中，泡沫化学性质保持不变。则可以利用达西公式描述：

$$\mu = \frac{KA}{L} \cdot \frac{\Delta P}{Q} \tag{3-3}$$

式中，ΔP 为岩芯两端压差，MPa；Q 为流量，m^3；L 为填砂管长度，m；K 为岩芯渗透率，$10^{-3}\mu m^2$；A 为填砂管横截面积，m^2。

因泡沫由气液两相组成，则有：

$$Q_f = Q_l + Q_g \tag{3-4}$$

式中，Q_f 为泡沫流量，m^3/s；Q_l 为泡沫中液体流量，m^3/s；Q_g 为泡沫中气体流量，m^3/s。

泡沫在填砂模型中渗流时，填砂模型各处压力不同，泡沫中的气体组分具有膨胀性，故填砂管各处气体流量不同，即气体流量随压力的变化而变化。

根据气体状态方程，有：

$$PV = znRT \tag{3-5}$$

式中，z 为气体压缩因子。

因气体体积与流量成正比，故有：

$$z_x P_0 Q_{g0} = z_0 P_x Q_{gx} \tag{3-6}$$

式中，P_0 为填砂管中间位置的压力，MPa；Q_{g0} 为气体流量，m^3/s；P_x 为距填砂管模型首端 xL 长度处位置的压力，MPa；Q_{gx} 为气体流量，m^3/s($0 \leqslant x \leqslant 1$)；$z_0$、$z_x$ 为不同位置压力下气体的压缩因子。

若注入填砂管中泡沫液气液比为 λ，则在填砂管始端泡沫气液比为 λ，即 $Q_{g0} : Q_{l0} = \lambda : 1$，则有：

$$Q_{g0} = \frac{\lambda}{\lambda + 1} \cdot Q_0 \tag{3-7}$$

$$Q_{l0} = \frac{1}{\lambda + 1} \cdot Q_0 \tag{3-8}$$

式中，Q_{g0} 为始端气体流量，m^3/s；Q_{l0} 为注入填砂管始端液体流量，m^3/s；Q_0 为泡沫液注入流量，m^3/s。

忽略液体膨胀性，故在填砂管各处都有：

$$Q_{lx} = Q_{l0} \tag{3-9}$$

由式(3-6)~式(3-9)解得：

$$Q_{lx} = \frac{Q_0}{\lambda + 1} \tag{3-10}$$

$$Q_{gx} = \frac{z_0 \lambda P_0 Q_0}{z_0(\lambda + 1) P_x} \tag{3-11}$$

将式(3－10)和式(3－11)代入式(3－4)中得：

$$Q_{fx}=\frac{(z_0P_x+z_x\lambda P_0)}{z_0(\lambda+1)P_x}Q_0 \tag{3-12}$$

流量与渗流速度的关系式为：

$$Q_0=v_0A\phi \tag{3-13}$$

式中，v_0 为泡沫渗流线速度，m/d；ϕ 为孔隙度，%。

将式(3－12)和式(3－13)代入式(3－3)中有：

$$\mu_x=\frac{K}{xLv_0\phi}\cdot\frac{z_0(\lambda+1)P_x(P_0-P_x)}{z_0P_x+z_x\lambda P_0} \tag{3-14}$$

这样，可以计算出一定气液比时泡沫在填砂管模型不同位置处的有效黏度。

实验所用气液比为1.2：1，故有 $\lambda=1.2$. 假设气体为理想气体，取 $z_x=1$。

当渗流线速度为0.6m/d时，根据实验测得数据拟合出压力随填砂管模型位置变化公式如下：

$$P_x=-2.92x+7.8 \tag{3-15}$$

同理，当注入线速度为1.0m/d、2m/d以及3m/d时，可根据实验数据分别拟合出下列公式：

$$P_x=-4.96x+9.4 \tag{3-16}$$

$$P_x=-5.28x+10.1 \tag{3-17}$$

$$P_x=-5.84x+10.65 \tag{3-18}$$

将式(3－15)及 $\lambda=1.2$、$z_x=1$ 代入式(3－14)中，可求出注入线速度为0.6m/d时，泡沫体系在距离注入端不同位置处的有效黏度公式：

$$\mu_x=\frac{K}{xLv_0\phi}\cdot\frac{2.2(6.9-1.96x)(P_0+1.96x-6.9)}{(1.2P_0+6.9-1.96x)} \tag{3-19}$$

同理，当注入线速度为1.0m/d、2.0m/d以及3.0m/d时有：

$$\mu_x=\frac{K}{xLv_0\phi}\cdot\frac{2.2(8.1-3.2x)(P_0+3.2x-8.1)}{(1.2P_0+8.1-3.2x)} \tag{3-20}$$

$$\mu_x=\frac{K}{xLv_0\phi}\cdot\frac{2.2(8.62-3.68x)(P_0+3.68x-8.62)}{(1.2P_0+8.62-3.68x)} \tag{3-21}$$

$$\mu_x=\frac{K}{xLv_0\phi}\cdot\frac{2.2(9-4.08x)(P_0+4.08x-9)}{(1.2P_0+9-4.08x)} \tag{3-22}$$

实验配方：有效浓度为0.1%的起泡剂XHY－4K，温度为87℃，矿化度为28291mg/L，气液比为1.2：1。

由图3－25可以看出，气液两相进入填砂管后，泡沫有效黏度随着距入口端距离的增加逐渐减小。这是因为泡沫在填砂管中运移时，泡沫的生成速度总是小于泡沫的消泡速度，导致泡沫量逐渐降低，所以黏度逐渐降低。当线速度为0.6~3.0m/d时，出口端泡沫的有效黏度仍很高，最低值为48.3mPa·s，仍然可以满足驱油的条件。在距入口端相同距离处，当注入速度超过临界起泡速度时，注入速度越小，泡沫黏度越大，有效黏度随着渗流速度的增大而降低。

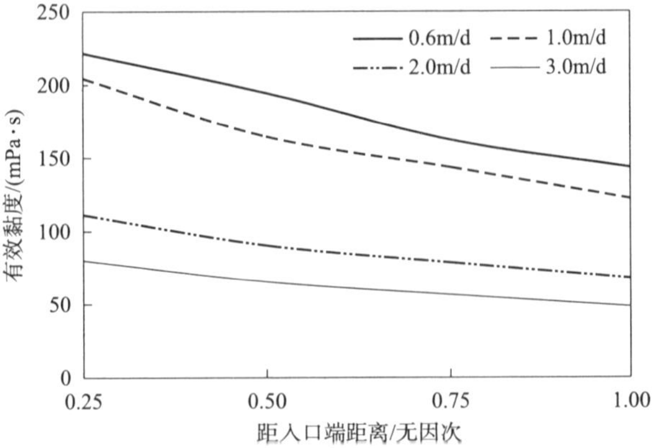

图3-25 线速度对泡沫有效黏度的影响

4)剪切速率与泡沫有效黏度的关系

泡沫在孔隙介质中流动时，气泡会不断地生成或破灭。通常，流速越大，气泡生成速度越快；剪切速率越大，气泡破灭速度越快。气泡的生成和破灭速度对泡沫的黏度有重要的影响，因此，研究和考察剪切速率对泡沫有效黏度的影响，对于研究泡沫驱过程中的流度控制、提高泡沫驱技术经济效益，具有重要意义。

假设泡沫在填砂管中的流速在同一截面上均匀分布且匀速，即没有速度差，则泡沫在孔隙中的剪切速率有：

$$\dot{\gamma}=\frac{v}{R} \tag{3-23}$$

式中，$\dot{\gamma}$为剪切速率，s^{-1}；v为渗流速度，m/d；R为孔喉半径，μm。

根据泊肃叶方程，通过毛管束的流量为：

$$q=\frac{n\pi r^4}{8\mu}\cdot\frac{\Delta P}{L} \tag{3-24}$$

达西公式也可以计算出流量：

$$q=\frac{KA}{\mu}\cdot\frac{\Delta P}{L} \tag{3-25}$$

$$A=n\pi r^2 \tag{3-26}$$

由上述式(3-24)、式(3-25)及式(3-26)三个方程可解出：

$$R=\frac{\sqrt{8K}}{\phi} \tag{3-27}$$

式中，R 为孔喉半径，μm；K 为渗透率，$10^{-3}\mu m^2$；ϕ 为孔隙度，%。由式(3-27)可计算出填砂管孔喉直径约为6.10μm。

将 R 代入公式(3-23)即可求出填砂管各处剪切速率。

表3-5给出了填砂管不同位置的剪切速率与有效黏度，其中 μ_1、μ_2、μ_3 和 μ_4 分别指距离填砂管入口端为1/4、1/2、3/4填砂管长度和填砂管出口端的有效黏度，$\dot{\gamma}_1$、$\dot{\gamma}_2$、$\dot{\gamma}_3$ 和 $\dot{\gamma}_4$ 分别为对应位置处的剪切速率。

表3-5 岩芯不同位置处的剪切速率与黏度值

线速度/(m/d)	$\dot{\gamma}_1/s^{-1}$	$\dot{\gamma}_2/s^{-1}$	$\dot{\gamma}_3/s^{-1}$	$\dot{\gamma}_4/s^{-1}$	μ_1/(mPa·s)	μ_2/(mPa·s)	μ_3/(mPa·s)	μ_4/(mPa·s)
0.6	2.4	2.6	2.7	2.8	221.7	194.4	162.3	143.3
1.0	4.1	4.4	4.8	5.2	204.4	164.6	143.5	122.1
2.0	8.2	8.9	9.7	10.7	111.2	90.3	78.5	67.6
3.0	12.4	13.4	14.8	16.6	80.1	65.3	56.6	48.3

综上可以看出，相同的位移差，渗流速度为0.6m/d时，剪切速率从$2.4s^{-1}$增加到$2.8s^{-1}$，泡沫体系的有效黏度由221.7mPa·s下降到143.3mPa·s；渗流速度为1m/d时，剪切速率由$4.1s^{-1}$增加到$5.2s^{-1}$，对应的有效黏度由204.4mPa·s下降到122.1mPa·s；渗流速度为2m/d时，剪切速率由$8.2s^{-1}$增加到$10.7s^{-1}$，对应的有效黏度则由111.2mPa·s下降到67.6mPa·s；渗流速度提高到3m/d时，剪切速率由$12.4s^{-1}$增加到$16.6s^{-1}$，对应的有效黏度从80.1mPa·s下降到48.3mPa·s。

在四种渗流速度下，泡沫的有效黏度总随着剪切速率的增大而降低。这可能是因为：①泡沫为剪切稀释型流体，剪切速率越大，泡沫的黏度越低；②剪切速率越大，气泡的生成速度越快，泡沫中气泡数量因此增大，从而导致泡沫质量变好。两者相互抵消后，由于因剪切作用而导致的黏度降低幅度>剪切速率而使泡沫黏度增加的幅度，从而进一步导致泡沫实际有效黏度降低。

图3-26给出了有效黏度随剪切速率变化趋势。在剪切速率由$2.4s^{-1}$增加到$16.6s^{-1}$时，有效黏度由221.7mPa·s下降到48.3mPa·s，其下降趋势与幂律指数相近，根据实验数据拟合出有效黏度与剪切速率的关系式为：

$$\mu = 382.0x^{-0.67} \tag{3-28}$$

$$\mu = K\dot{\gamma}^{n-1} \tag{3-29}$$

式中，μ 为有效黏度，mPa·s；K 为稠度系数；$\dot{\gamma}$ 为剪切速率，s^{-1}；n 为幂律指数。计算得出 n 为0.33。

这与幂律流体的黏度计算公式形式相似。验证了实验数据的合理性。

图3－26中黑点为文120块油藏的原油在岩芯中流动时的有效黏度，为2.4mPa·s(在实验条件下，原油为牛顿流体)，远远低于相同条件下泡沫体系的有效黏度。结果表明，文120块油藏空气泡沫驱油体系，不仅可以理想地提高油层波及效率，还可以确保渗流过程中泡沫的流度控制，防止指进现象及窜流。这是保证文120块油藏空气泡沫驱成功及高效驱油的重要条件。

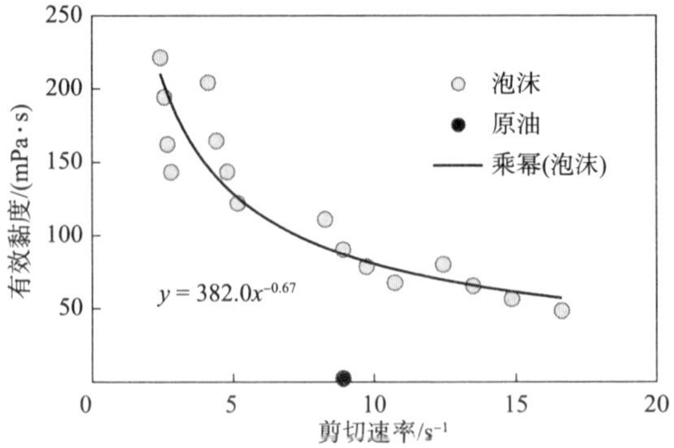

图3－26 剪切速率对有效黏度的影响

3.2.1.7 含油饱和度对泡沫在孔隙介质中渗流特征的影响

由于油田长期注水开发，在不同的开发阶段，原油采出程度不同，原油饱和度随开发时间而变化；此外，由于油层的非均质性，长期注水开发，高渗透层、低渗透层的吸水量不同，其水驱采出程度也不同，即含油饱和度不同。

已有的研究结果表明，原油饱和度严重影响泡沫的性质，例如，发泡能力、泡沫半衰期以及视黏度等，进而影响泡沫的渗流特征及驱油效果。因此，研究含油饱和度对泡沫的阻力系数的影响规律及特征，对于文120块大规模推广及应用空气泡沫驱提高采收率技术，具有重要的理论价值及生产实际意义。

1)含油饱和度对阻力系数的影响

填砂管孔隙体积为700～900mL，孔隙度为29.3%～37.7%，渗透率为$300\times10^{-3}\sim700\times10^{-3}\mu m^2$。

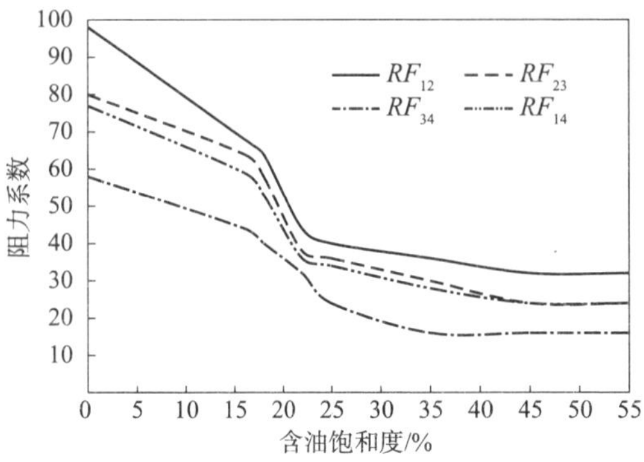

图3－27 含油饱和度对泡沫阻力系数的影响

由图3－27可以看出，随着含油饱和度的增加，泡沫阻力系数逐渐降低，但在不同的含油饱和度下的降低幅度不同。当含油饱和度为0时，RF_{14}为77；当含油饱和度增加到16%时，RF_{14}降低到59；当含油饱和度在16%～22%之间变化时，RF_{14}由59急剧降低到36；含油饱和度22%～35%的范围内变化时，RF_{14}由36下降到28，此区间内，随着含油饱和度的增高，阻力系数降低幅度减小。当35%≤含油饱和度≤55%时，随着含油饱和度的增加，阻力系数基本不再降低；含油饱和度为35%和55%时，RF_{14}分别为28和24。由于油层的非均质性，中、低渗透层含油饱和度在30%左右，由图3－27所知，在含油饱和度大于30%时，虽然泡沫体系消泡很多，但阻力系数也较高(25左右)。

需要说明的是，尽管随着含油饱和度的增大，泡沫体系的渗流阻力系数逐渐降低，但即使在较高含油饱和度，例如，原始含油饱和度条件下，泡沫的渗流阻力仍然较高，可以满足泡沫驱油过程中的流度控制，这是空气泡沫驱得以广泛应用的关键之一。

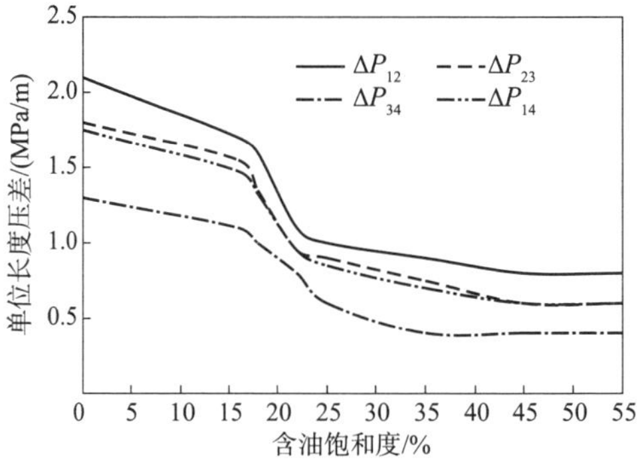

图3－28　含油饱和度对压力梯度的影响

2)含油饱和度对泡沫起消速度的影响

图3－28给出了含油饱和度对压力梯度影响的关系曲线。事实上，这反映了含油饱和度对泡沫起消速度的影响。

由图3－28可以看出，曲线的总体趋势与含油饱和度对阻力系数影响的趋势相同。当含油饱和度在0～16%之间变化时，单位长度压差下降较为平缓；当含油饱和度在16%～22%之间变化时，单位长度压差下降较快；当含油饱和度在22%～45%之间变化时，单位长度压差变化不大；当含油饱和度大于45%时，单位长度压差基本不再变化。

当含油饱和度在0～55%之间逐渐增大时，总有$\Delta P_{12} > \Delta P_{23} > \Delta P_{34}$，即填砂管前端的泡沫量大于后端的泡沫量，起泡速度小于消泡速度。

3)含油饱和度对泡沫有效黏度的影响

由图3－29可以看出，不同含油饱和度时泡沫有效黏度随填砂管位置变化的趋势。有效黏度随着距入口端距离的增加逐渐减小。这是因为泡沫在填砂管中运移时，泡沫的生成速度小于泡沫的消失速度，导致泡沫量逐渐降低，所以黏度逐渐降低。当距入口端距离从1/4处变化到末端处，含油饱和度为0时，有效黏度由193mPa·s降低到125mPa·s；含油饱和度为16%时，有效黏度由158 mPa·s下降到110mPa·s；含油饱和度为18%时，有效黏度由149mPa·s下降到102mPa·s；含油饱和度为22%时，有效黏度由104mPa·s减小到78mPa·s。

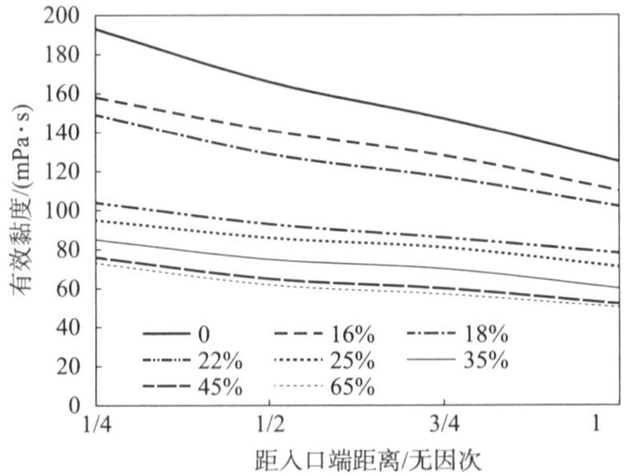

图3-29 距入口端距离与有效黏度关系

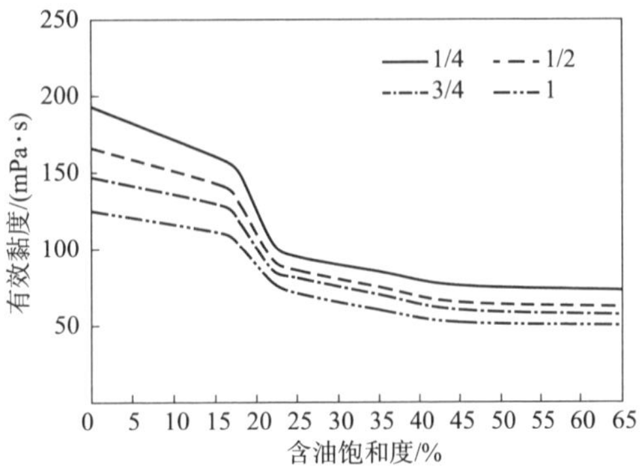

图3-30 含油饱和度与有效黏度关系

图3-30给出了距填砂管入口端不同距离处有效黏度随含油饱和度的变化趋势。含油饱和度为0，即无油状况下，泡沫在填砂管内的平均有效黏度为125mPa·s；当含油饱和度上升到16%时，有效黏度下降幅度较小，为110mPa·s；当含油饱和度由16%升高到22%时，有效黏度下降幅度较大，由110mPa·s下降到78mPa·s；当含油饱和度由22%上升到45%后，有效黏度维持在较低的水平，由78mPa·s下降到52mPa·s；当含油饱和度大于45%时，有效黏度基本不变。由图3-30所知，当含油饱和度大于16%后，对有效黏度影响较大。在含油饱和度大于35%时，虽然泡沫体系消泡很多，但泡沫的有效黏度仍然较高（大于50mPa·s），大于文120块油藏的原油在填砂管中的有效黏度（2.4mPa·s），可以达到理想的流度控制及改善吸水剖面的作用及目的。

3.2.1.8 渗透率对泡沫在孔隙介质中渗流特征的影响

研究结果表明，泡沫具有“堵高不堵低”的作用和机理。由于文120块油藏非均质性严重，各层渗透率差异较大，泡沫的生成条件也不同。因此，进一步研究渗透率对阻力系数的影响，具有重要实际意义。

1）渗透率对阻力系数的影响

下面给出了直径为3.8cm、长度为2m的长岩芯条件下，岩芯渗透率对泡沫阻力系数影响的实验结果。

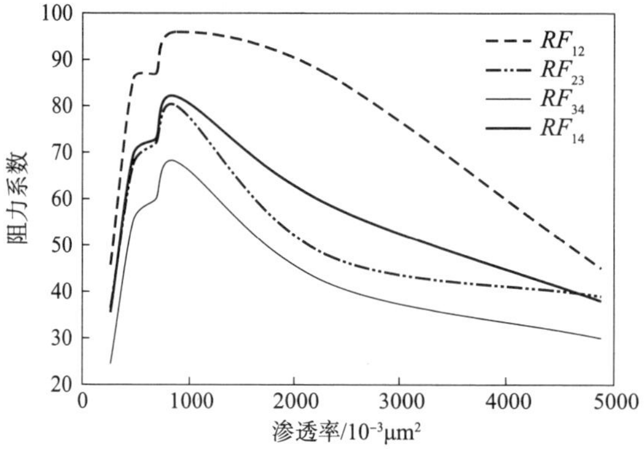

图3－31　渗透率对泡沫阻力系数的影响

由图3－31可以看出，当渗透率≤$1000\times10^{-3}\mu m^2$时，随着岩芯渗透率的增大，阻力系数RF_{12}、RF_{23}、RF_{34}及RF_{14}逐渐增大，进一步证明了泡沫具有“堵高不堵低”的作用和机理。但当渗透率$>1000\times10^{-3}\mu m^2$时，随着岩芯渗透率的增大，阻力系数逐渐降低，泡沫逐渐表现出了管流的流动特征。

当渗透率在269×10^{-3}～$481\times10^{-3}\mu m^2$之间时，随着油层渗透率的增加，泡沫阻力系数迅速增大。RF_{12}、RF_{23}、RF_{34}及RF_{14}分别由45.7、40.2、24.4及35.5急剧上升到85.8、70.8、52.2及69.5；当渗透率在481×10^{-3}～$878\times10^{-3}\mu m^2$之间时，随着渗透率的增加，阻力系数上升幅度较小。RF_{12}、RF_{23}、RF_{34}及RF_{14}分别由85.8、70.8、52.2及69.5缓慢上升到98.9、77.5、62.1及81.5。当渗透率在2306×10^{-3}～$4881\times10^{-3}\mu m^2$之间变化时，渗透率太高，泡沫逐渐变成管流，而不是多孔介质流，因此，阻力系数逐渐降低。

下面给出了直径为3.9cm、长度为0.2m的岩芯，渗透率对泡沫阻力系数影响的实验结果。这种模型主要模拟了文120块油藏的油层渗透率条件，更具有实际意义。

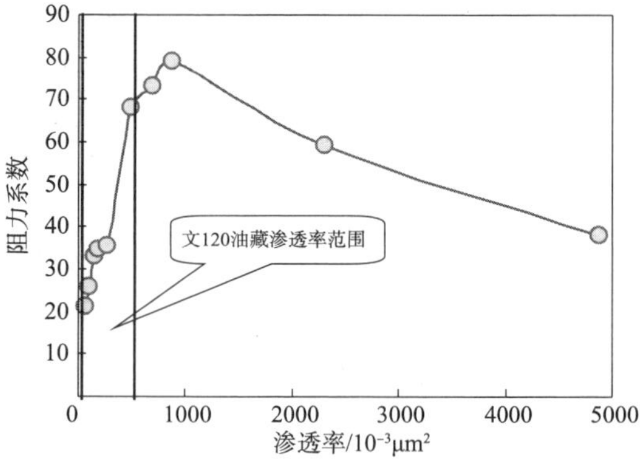

图3－32　渗透率对整支管泡沫阻力系数的影响

由图3－32可知：当渗透率在62×10^{-3}～$269\times10^{-3}\mu m^2$之间时，随着油层渗透率的增加，泡沫阻力系数RF_{14}缓慢增大，RF_{14}由21.0上升到35.5；当渗透率在269×10^{-3}～$481\times10^{-3}\mu m^2$之间时，随着油层渗透率的增加，泡沫阻力系数迅速增大。RF_{14}由35.5急剧上升到69.5；当渗透率在481×10^{-3}～$878\times10^{-3}\mu m^2$之间

时，随着渗透率的增加，阻力系数上升幅度较小，RF_{14} 由 69.5 缓慢上升到 81.5。当渗透率在 $2306\times10^{-3}\sim4881\times10^{-3}\mu m^2$ 之间变化时，由于渗透率过高，泡沫由渗流逐渐变为管流，而不是多孔介质流。因此，泡沫的阻力系数逐渐降低。

文 120 块油藏测井解释，渗透率在 $1.0\times10^{-3}\sim561\times10^{-3}\mu m^2$ 之间。值得注意的是，尽管渗透率在 $481\times10^{-3}\sim878\times10^{-3}\mu m^2$ 之间，泡沫阻力系数上升幅度不大，但阻力系数已较高，可以满足油田提高采收率对阻力系数的条件。同样，无论渗透率高低，距离入口端距离越远，阻力系数越低，即起泡速度小于消泡速度。

2）渗透率对有效黏度的影响

由图 3－33 可知，有效黏度随着距入口端距离的增大逐渐降低，但不同渗透率条件下，有效黏度降低幅度不同。

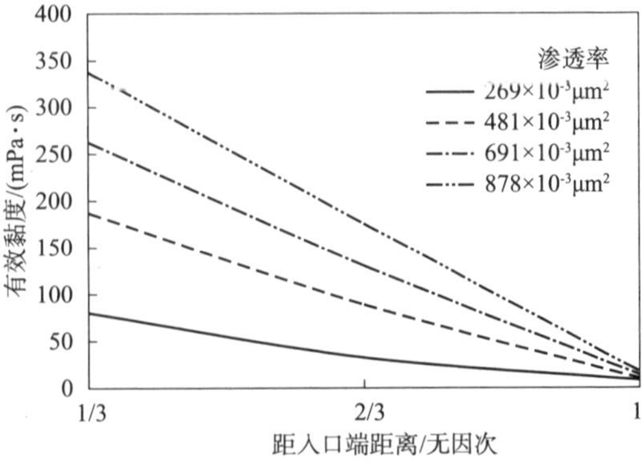

图 3－33　不同渗透率条件下距填砂管入口端距离与有效黏度关系

自距入口端距离 1/3 处到出口端，渗透率为 $269\times10^{-3}\mu m^2$ 时，有效黏度变化趋势总体较为平缓，由 80.2mPa·s 下降到 8.3mPa·s，降幅为 71.9mPa·s；渗透率为 $481\times10^{-3}\mu m^2$ 时，有效黏度自 186.9mPa·s 下降到 10.4mPa·s，降幅达 176.5mPa·s；渗透率为 $691\times10^{-3}\mu m^2$ 时，有效黏度由 262.4mPa·s 下降到 14.2mPa·s，降幅达 248.2mPa·s；渗透率为 $878\times10^{-3}\mu m^2$ 时，有效黏度急剧下降，由 337.4mPa·s 下降到 17.5mPa·s，降幅为 319.9mPa·s。

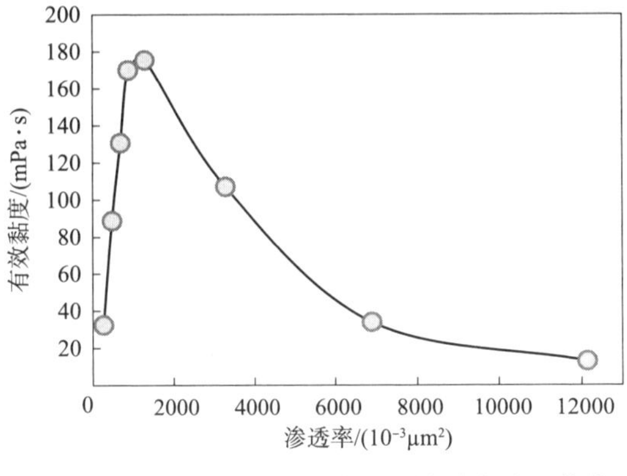

图 3－34　渗透率与泡沫渗流有效黏度关系曲线

综上可见，渗透率越大，有效黏度随距入口端距离的增加而加速下降。

图 3－34 给出了距入口端距离 2/3 处位置有效黏度随渗透率变化规律。有效黏度随渗透率的变化趋势为先增大、后减小，存在最大值。当渗透率小于 $878\times10^{-3}\mu m^2$ 时，有效黏度逐渐增加，其趋势近似为直线；渗透率为

$269\times10^{-3}\mu m^2$ 时，有效黏度为32.5mPa·s；渗透率为 $878\times10^{-3}\mu m^2$ 时，其有效黏度增加到175.4mPa·s。当渗透率大于 $1289\times10^{-3}\mu m^2$ 时，有效黏度逐渐下降；当渗透率增大到 $12139\times10^{-3}\mu m^2$ 时，有效黏度仅为13mPa·s。

3.2.1.9 压力对泡沫在孔隙介质中渗流特征的影响

1)压力对阻力系数的影响

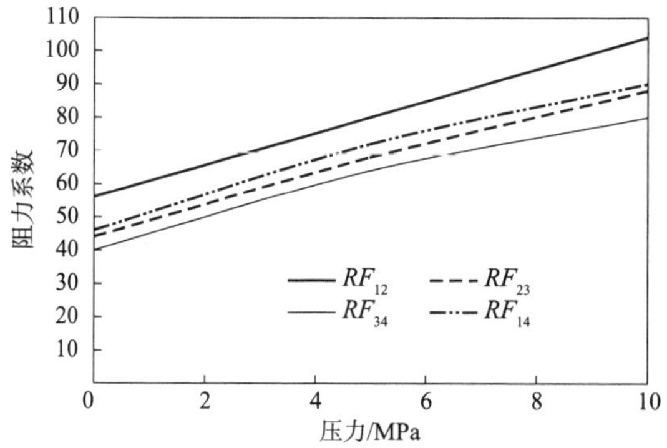

图3-35 压力对泡沫渗流阻力系数的影响

前面多次提及压力对泡沫性能有明显影响，因此进行了压力对泡沫流动渗流阻力系数影响的岩芯驱替实验研究。

图3-35中，RF_{14}为整支填砂管的平均阻力系数，随着压力的变大，RF_{14}逐渐增加，当回压为0，即实验在常压下进行时，RF_{14}为46；回压增加到5MPa时，RF_{14}变为70；回压增加到10MPa时，RF_{14}增加到90。RF_{12}、RF_{23}和RF_{34}随压力变化的趋势与RF_{14}基本相同，仅存在微小差异。

值得注意的是：驱替实验最大压力为10MPa，一是因为当压力大于10MPa时，压力对起泡剂性能的影响较小；二是考虑到高温高压评价装置的连接管线等实验设备的极限压力。所以实验的最高压力为10MPa。

2)压力对有效黏度的影响

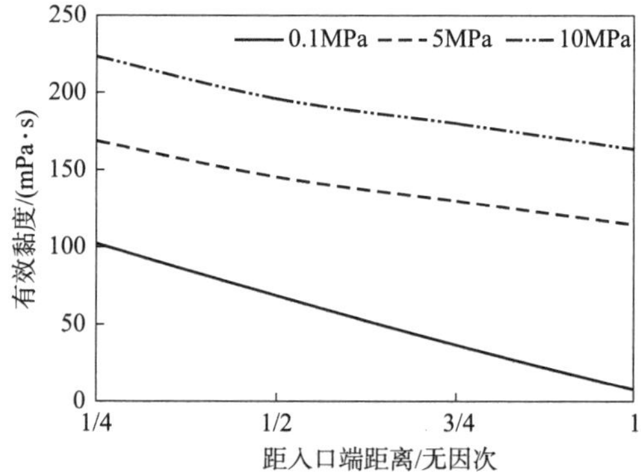

图3-36 不同压力条件下距离入口端距离对泡沫有效黏度的影响

由图3-36可以看出，不同压力条件下，不同位置点有效黏度变化趋势，与不同压力下有效浓度变化趋势基本一致，均随位置的后移(距离入口端越远)而逐渐减小。

由图可以看出，自距入口端距离1/2位置处到出口(末)端，压力为0.1MPa时，泡沫的有效黏度由102.2mPa·s降低到77mPa·s；压力为5MPa时，有效黏度自168.6mPa·s降低到141.5mPa·s；压力为10MPa时，有效黏度由223.2mPa·s

降低到193.4mPa·s。

显然，压力越高，泡沫体系在同一位置点的渗流有效黏度越高；压力越高，泡沫体系距离入口端越远时有效黏度降低的程度越小。说明地层压力越高，越有利于泡沫体系的稳定。可见在地层压力条件下，泡沫体系非常稳定。

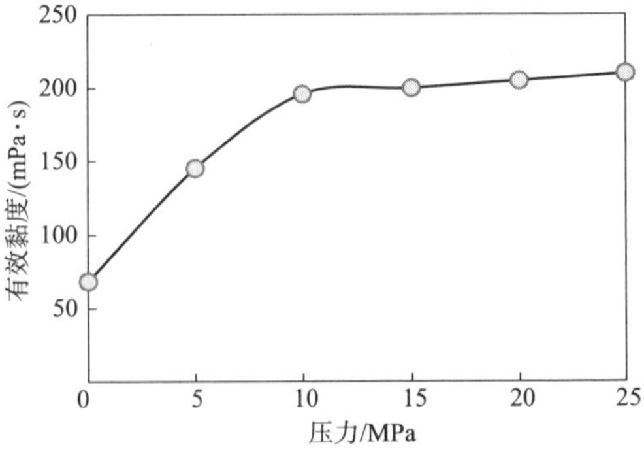

图3-37 压力与岩芯1/2位置处有效黏度关系

图3-37给出了岩芯1/2位置处有效黏度随压力变化曲线。可以看出，在1/2位置处，当压力小于10MPa时，有效黏度随压力的增大而增大。当压力由0.1MPa增加到10MPa时，有效黏度由68.5mPa·s增加到195.9mPa·s；当压力大于10MPa后，泡沫有效黏度基本不再增加，压力对黏度影响不大。

3.2.1.10 气泡与孔喉的匹配性

对于泡沫流体，气相分散在液相中，具有明显的离散特性及液相连续性。多孔介质中流动的泡沫，一般被看作气液两相呈流动，液膜可以降低气相的流动性，而连续的液相不受影响，仅取决于其饱和度。在气液界面、表面张力影响下，气泡在一定的压力梯度下，可以静止于孔喉处。只有当压力超过某一临界最大压力梯度时，才能挤压气泡并使气泡穿越孔喉。该压力梯度直接影响气泡的流动特性，从而影响气泡对孔道的封堵能力。当气泡半径小于孔隙半径时，孔喉无法束缚气泡，故泡沫不能对孔隙介质形成有效封堵；当气泡半径大于孔隙半径时，泡沫对孔隙介质的封堵能力会随着气泡半径的增大而增强，直到某一临界点为止。

实验用填砂管壁为可视化透明材质，长度为1.0m，直径为3.9cm，内部充填介质为石英砂。填砂管孔隙体积为400mL，孔隙度为33.5%，渗透率为402×$10^{-3}\mu m^2$。根据下式可计算出孔喉半径：

$$R=\sqrt{\frac{8K}{\phi}} \tag{3-30}$$

式中，R为孔喉半径，μm；K为渗透率，$10^3\mu m$；ϕ为孔隙度，%。由上式可计算出填砂管孔喉直径约为5.16μm（大于文120油藏主力区块主力层平均孔隙直径）。

图3-38和图3-39是泡沫渗流速度为1.2m/d，压力分别为0.1MPa和5MPa时的泡沫照片。其中，图3-38在有机玻璃填砂管中拍摄，图3-39在填砂钢管可视窗口拍摄。从图3-38和图3-39中可以清晰地看到，不同压力条件

下，气泡大小(直径)具有明显差异，且高压下气泡直径要明显小于常压下。经计算，常压条件下泡沫的平均直径为0.728 mm，对应条件下填砂管中泡沫体系的阻力系数为60；而当压力为5MPa时，泡沫平均直径为5.34μm，相应地，填砂管模型中泡沫渗流阻力系数为78。显然，气泡直径略大于孔隙直径，即理论上泡沫可以在孔隙介质中形成有效封堵，而岩芯驱替试验阻力系数数据，正好印证了这一结论，证明泡沫与岩石孔喉具有理想的匹配性。

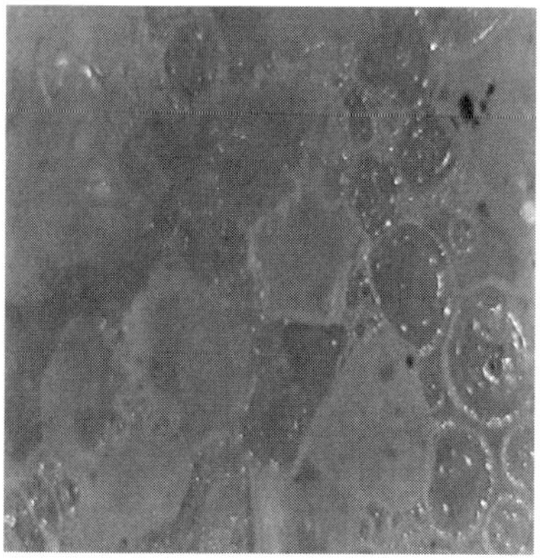

图3－38　常压下(压力为0.1MPa时)泡沫大小实际照片

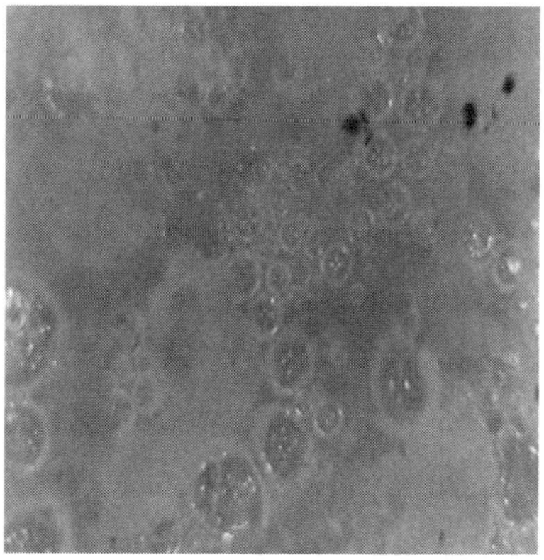

图3－39　高压下(压力为5MPa时)泡沫大小实际照片

3.2.2　双管岩芯驱替实验

3.2.2.1　实验流程

双管并联岩芯驱替实验流程，与单管岩芯驱替实验的流程基本相同。图3－40给出了双管岩芯驱替实验流程。

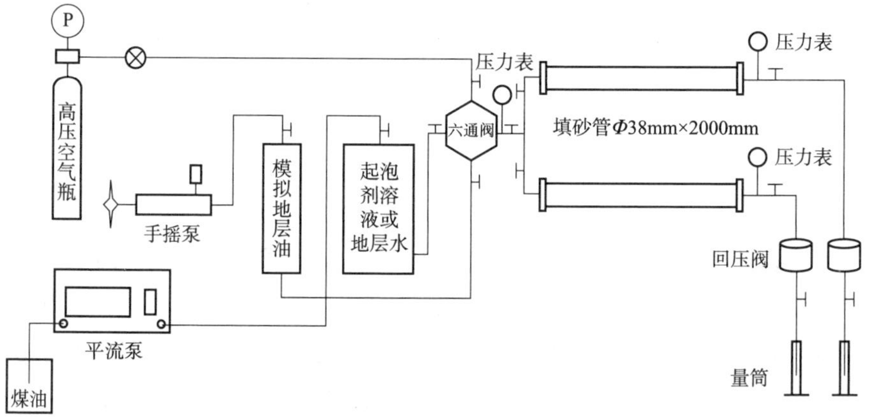

图3－40　空气泡沫驱替双管岩芯驱替实验流程

3.2.2.2 实验条件

(1)实验用水：模拟地层水及清水。

(2)起泡剂：XHY－4K，浓度为0.10%。

(3)实验用气体：空气，气体压力为10MPa。

(4)实验岩芯：填砂管，直径为3.8cm，长度为2.0m。

(5)实验温度：87℃。

(6)模拟油：华北油田原油与煤油配制的模拟油。

3.2.2.3 实验方法

双管岩芯驱替实验主要评价泡沫段塞大小、交替方式及渗透率级差对驱油效果的影响等。重点确定文120块油藏注入段塞及空气泡沫驱提高采收率效果。

实验步骤为：①将20～40目及100～200目的石英砂装入长度为2m的填砂管内，制成2根不同渗透率的模拟岩芯。②分别对2支填砂管抽真空、饱和地层水，计算孔隙体积及孔隙度、测定渗透率；然后饱和原油，计算原始含油饱和度。③将2根填砂管并联，按照上述实验流程图接好，以一定的流速水驱至出口端综合含水率为98%时停止水驱。④记录两端压差、产液量、产油量并计算水驱非均质模型的单管采收率和综合采收率。⑤水驱结束后，以相同的流速进行空气泡沫驱，起泡剂XHY－4K有效浓度为0.1%。其中泡沫驱的注入方式为气液交替(气液比为1.2∶1，段塞大小0.1～0.4PV，气体压力10MPa)，并随时记录填砂管两端压差、产液量及产油量。⑥进行后续水驱，直至综合含水率为98%时停止。记录产液量、产油量，计算最终采收率。

3.2.2.4 不同空气泡沫段塞对驱油效果的影响

用不同目数的石英砂制成4组不同渗透率的填砂管模型，进行段塞大小对驱油效果影响的空气泡沫驱油实验。其实验步骤和过程如前所述。需要说明的是，分别单支饱和地层水、饱和原油后再进行驱替实验。

1)段塞大小对驱油效果影响

开展了不同渗透率并联岩芯模型驱替实验，结果如表3－6及图3－41～图3－44所示。可以看出，A1组模型水驱至0.1PV时结束，其中，低渗透层(管)水驱采出程度5.10%，高渗透层(管)水驱采出程度55.36%，双管水驱采出程度31.90%。水驱结束后，转入空气泡沫驱，采用气液交替注入，泡沫段塞0.1PV。之后，转入后续水驱至综合含水达到98%时结束，其中，低渗透层(管)采出程度10.20%，高渗透层(管)采出程度61.61%，双管泡沫驱采出程度37.62%；低渗透层(管)提高采收率5.10%，高渗透层(管)提高采收率6.25%，泡沫驱比水驱提高采收率5.72% OOIP(表3－6)。

表3－6　四组填砂管模型(石英砂)驱油效果

组别	泡沫段塞/PV	参数	采出程度/%			比水驱提高采收率/% OOIP
			水驱	空气泡沫驱	后续水驱	
A1组	0.1	高渗透层(管)	55.36	57.14	61.61	6.25
		低渗透层(管)	5.10	7.14	10.20	5.10
		平均	31.90	33.81	37.62	5.72
B1组	0.2	高渗透层(管)	58.97	63.59	64.96	5.99
		低渗透层(管)	32.04	42.12	46.02	13.98
		平均	45.74	53.04	55.65	9.91
C1组	0.3	高渗透层(管)	45.22	51.30	60.35	15.13
		低渗透层(管)	50.00	60.36	69.45	19.45
		平均	47.56	55.73	64.80	17.24
D1组	0.4	高渗透层(管)	50.58	57.50	65.77	15.19
		低渗透层(管)	34.85	41.67	53.03	18.18
		平均	44.82	52.18	62.91	18.09

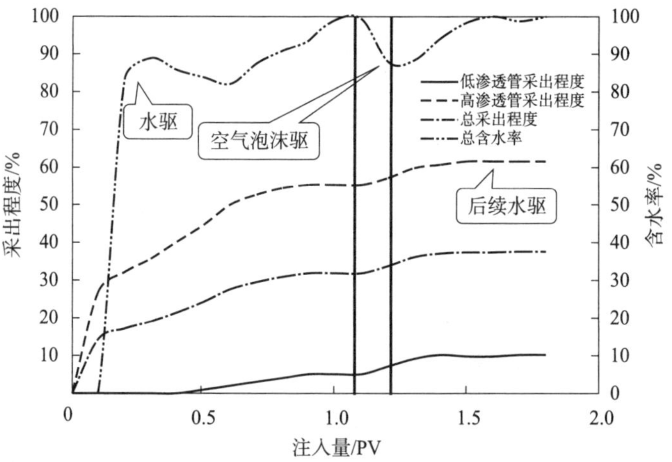

图3－41　A1组并联岩芯模型(段塞0.1PV)注入量与采出程度、含水率变化曲线

B1组驱替实验结果表明，低渗透层(管)的采出程度相对A1组有所增高，注入泡沫后，含水率也有更大程度的下降。当泡沫段塞为0.2PV时，双管泡沫比水驱提高采收率为9.91% OOIP，较泡沫段塞为0.1PV时的5.72% OOIP高。

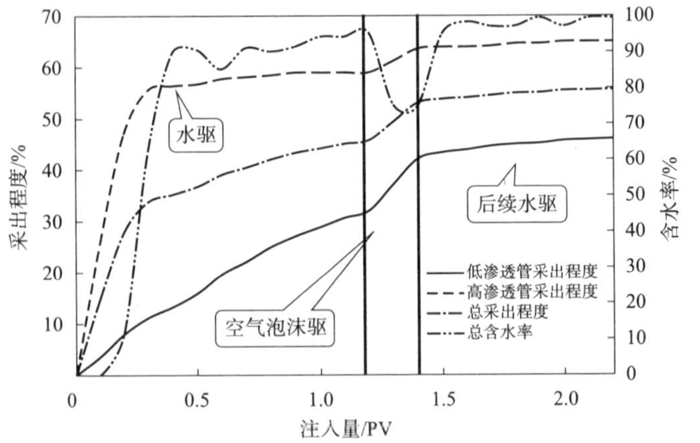

图3-42 B1组并联岩芯模型(段塞0.2PV)注入量与采出程度、含水率变化曲线

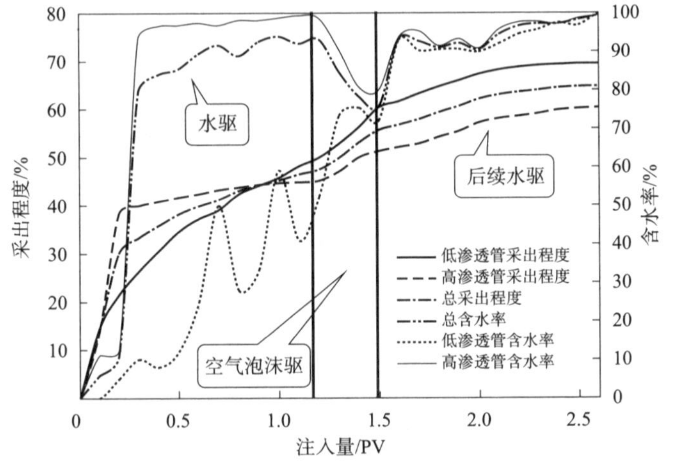

图3-43 C1组并联岩芯模型(段塞0.3PV)注入量与采出程度、含水率变化曲线

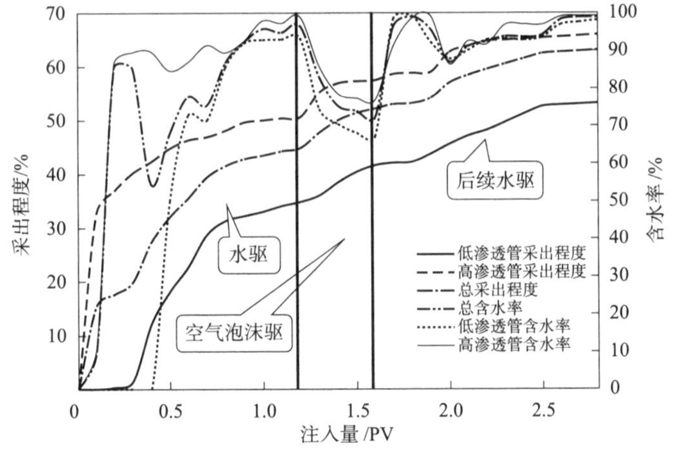

图3-44 D1组并联岩芯模型(段塞0.4PV)注入量与采出程度、含水率变化曲线

由图3－43可以看出，C1组(段塞0.3PV)低渗透层(管)水驱采出程度由50%提高到69.45%，双管水驱采出程度由47.56%提高到64.80%，提高了17.24%；泡沫驱后，高渗透层(管)含水率由水驱结束时的99.71%下降至最低值，为80.03%，下降了19.68%；低渗透层(管)含水率由水驱结束时的92.38%，下降至最低值75%，下降了17.38%。双管空气泡沫驱综合含水率上升到98%时，高渗透层(管)、低渗透层(管)的含水率分别为99%及95%。

对比图3－43和图3－44可以看出，D1组(段塞0.4PV)双管泡沫驱采出程度及含水率，相较C1组(段塞0.3PV)无明显增高或降低。低渗透层(管)采出程度由34.85%提高到53.03%，提高了18.18%。双管水驱采出程度由44.82%提高到62.91%，提高了18.09%；综合含水由水驱结束时98.01%下降至泡沫驱最低值72.08%。当双管综合含水达到98%时，高渗透层(管)和低渗透层(管)的含水率分别为99%及96%。

对比C1组和D1组岩芯驱替实验可以明显看出，泡沫体系具有较好的封堵能力，可以封堵高渗透层，大幅提高低渗透层的吸水量及波及效率，从而大幅提高了低渗透层的采出程度。

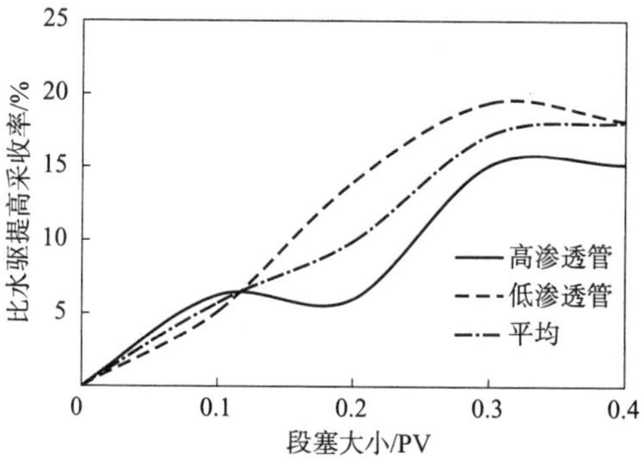

图3－45 段塞大小对采收率影响的关系曲线

图3－45给出了上述并联岩芯段塞大小对泡沫驱提高采收率影响的关系曲线。由图3－45可以看出，在泡沫段塞相同时，在0～0.1PV内，随着注入量的增大，低渗透层(管)提高的采收率值略低于高渗透层(管)提高的采收率值；而在0.1～0.4PV内，随着注入量的增大，低渗透层(管)泡沫驱提高的采收率值明显大于高渗透层(管)的采收率值。

当泡沫段塞大于0.1PV时，由于泡沫体系具有较高的视黏度及有效黏度，可以理想地封堵高渗透层(管)，从而提高了泡沫进入低渗透层(管)的注入量及该层的波及效率，因此，低渗透层(管)增产的油量有明显的提高。此外，由图3－45中的三条曲线还可以看出，在0～0.3PV内，双管比水驱提高采收率迅速增加；而在0.3～0.4PV，比水驱提高采收率增长缓慢。即在低泡沫段塞(0～0.3PV)时，单位泡沫段塞对应的比水驱提高采收率的变化大于高泡沫段塞的(0.3～0.4PV)，说明低泡沫段塞大小对采出程度的影响大；当段塞大于0.3PV

时，段塞的大小对采出程度影响相对减少。

值得注意的是，同一段塞下，高、低渗透层(管)的比水驱提高采收率之间的差值不同，尤其是段塞0.2PV时，高、低渗透层(管)的比水驱提高采收率之间的差值最大，而且高渗透层(管)的比水驱提高采收率在0.1PV与0.2PV之间时，基本没有变化。这是由不同泡沫段塞下对应的填砂管的渗透率级差不同造成的。

根据室内岩芯驱替实验提高采收率结果，确定文120块油藏空气泡沫驱泡沫段塞为0.3PV，比水驱提高采收率为17.24% OOIP。

由图3-46可以看出，出口端高渗透层(管)起泡剂浓度均高于低渗透层(管)起泡剂浓度，两条曲线为开口向下的凸函数曲线。注入0.3PV空气泡沫驱油段塞，再进行后续水驱。结果表明：注入泡沫仅0.046PV时，高渗透层(管)出口端开始有发泡剂产出；注入量达到0.4PV时，高渗透层(管)产出液中的发泡剂浓度达到最高值，峰值浓度为102mg/L。该结果与大庆及中原等油田先导性矿场的结果基本一致。结果表明，发泡剂(表面活性剂)为小分子化学剂，在地层中渗流时，由于若干小层中存在的(特)高渗透层以及表面活性剂在水中的分子扩散作用，导致少量发泡剂快速运移至生产井；而对于低渗透层(管)来说，当注入量达到0.11PV时，开始有发泡剂产出；注入量达到0.5PV时，低渗透层(管)产出液起泡剂浓度达到最高值62mg/L。

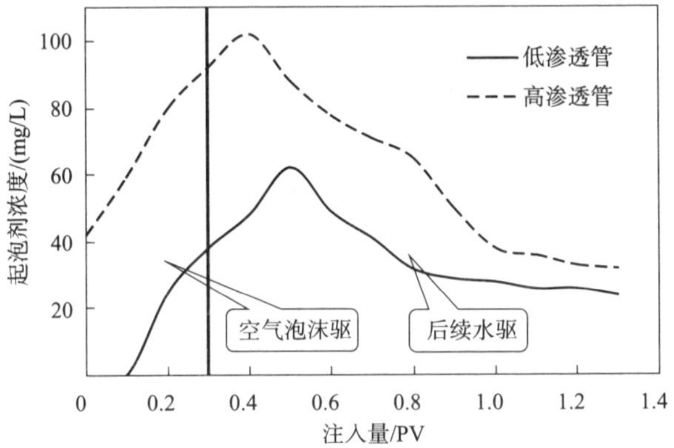

图3-46 D1组(段塞0.3PV)产出液起泡剂浓度变化曲线

从上述结果分析，显然存在两个现象：①高渗透层(管)产出液中见到发泡剂的时间比低渗透层(管)的早，见到发泡剂的时间(段塞)相差1.65PV；②高渗透层(管)产出液中发泡剂峰值浓度(102mg/L)是低渗透层(管)峰值浓度(62mg/L)的1.65倍。造成这种现象的原因有两个：①高渗透层(管)渗透率高、进入的泡沫(发泡剂)质量大于低渗透层(管)的量。本实验条件下，高渗透层(管)注入的起泡剂量(0.085PV)大于低渗透层(管)注入的起泡剂量(0.075PV)，故出口端起泡剂含量较多。②低渗透层(管)的岩石比表面大于高渗透层(管)的比表面，使发泡剂被吸附的面积远远高于高渗透层(管)。

值得注意的是，无论高渗透层(管)还是低渗透层(管)，产出液中的发泡剂浓度为102mg/L及62mg/L，均可以理想发泡，证明注入的发泡剂浓度，即使发泡剂在岩石上稀释与滞留后，在油层渗流过程中，自注入井到生产井，仍可以产生可以理想驱油的泡沫。

分别将高渗透层(管)和低渗透层(管)每1PV下分流量乘以起泡剂对应的浓度，可以求出产出液中共含有起泡剂量为66PV·(mg/L)，而注入起泡剂的总量为150PV·(mg/L)，即产出液中含44%的起泡剂，剩下的56%[94PV·(mg/L)]在双管内。这表明有大量的起泡剂并未随注入水产出而留在双管内，一方面是由于起泡剂被吸附所致，起到消极作用；另一方面是由于起泡剂发泡后留在管中，起到积极作用。

2)泡沫体系对注入量、载液量和分流量的影响

C1组并联岩芯模型的注入量和分流量动态变化规律如图3-47所示。C1组并联岩芯模型的载液量和分流量动态变化规律如图3-48所示。

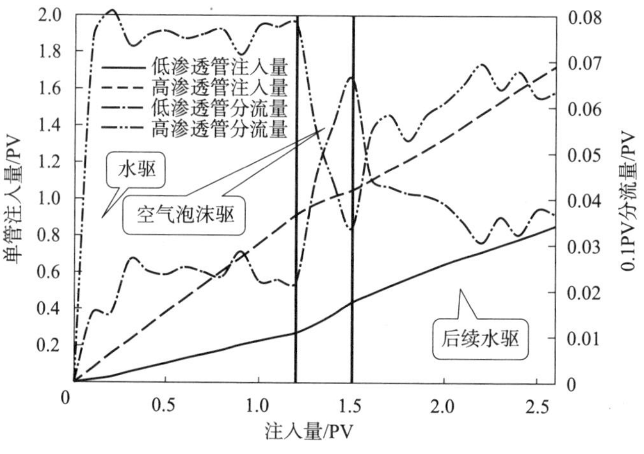

图3-47　C1组并联岩芯模型(段塞0.3PV)注入量与单管注入量、分流量曲线

由图3-47和图3-48可以看出，在水驱阶段，高渗透层(管)和低渗透层(管)的注入量和分流量有一定的差距，在注入量0.1PV的范围内，高渗透层(管)和低渗透层(管)的平均分流量分别为0.08PV和0.02PV；高渗透层(管)和低渗透层(管)的载液量近似保持恒定不变，高渗透层(管)和低渗透层(管)平均

载液量分别为76%和24%；双管的注入量分别以近似恒定的速度增长。注入水主要在高渗透层(管)形成窜流通道，低渗透层(管)分流量相对较低。

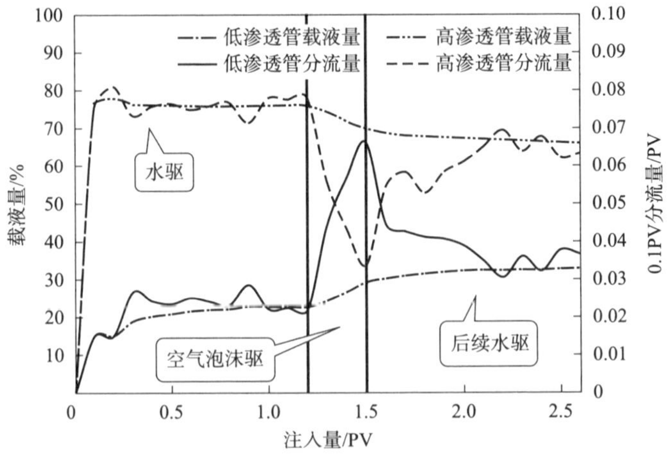

图3－48 C1组并联岩芯模型(段塞0.3PV)注入量与单管载液量、分流量曲线

随着泡沫段塞的增大，高、低渗透层(管)的分流量差异进一步减小，当泡沫段塞注入0.15PV后，高、低渗透层(管)的分流量开始出现交叉，即低渗透层(管)的分流量高于高渗透层(管)的分流量；高渗透层(管)载液量变小，低渗透层(管)载液量变大，从泡沫驱到后续水驱结束前，高渗透层(管)和低渗透层(管)的载液量近似保持恒定不变，高渗透层(管)和低渗透层(管)平均载液量为67%和33%左右。高渗透层(管)注入量曲线的斜率变小，即注入速率减小；低渗透层(管)注入量曲线的斜率变大，即注入速率增大。

这是由于高渗透层(管)在前面的水驱之后，剩余含油饱和度较低，在高渗透层(管)中形成了相对稳定的泡沫，增加了渗流阻力。而在低渗透层(管)中由于含油饱和度较高，尽管有泡沫形成，但强度不高，因而泡沫在高、低渗透层(管)的分流量和注入量、载液量的差异减小；当泡沫在高渗透层(管)形成的渗流阻力大于低渗透层(管)时，会出现低渗透层(管)分流量大于高渗透层(管)的现象；随后的水驱过程，高渗透层(管)的泡沫逐渐破灭，渗流阻力减小，高渗透层(管)的分流量和注入量的注入速率逐渐上升，低渗透层(管)的分流量和注入量的注入速率逐渐降低。

综上可见，对于C1组并联岩芯驱替实验中，泡沫可以有效封堵高渗透层(管)。

由图3－49可以看出：随着泡沫段塞的逐渐增大，高渗透层(管)折算到1PV

时的分流量逐渐减小，1PV 时对应的分流量由段塞 0.1PV 时的 0.96PV 减小到段塞 0.4PV 时的 0.62PV；低渗透层(管)折算到 1PV 时的分流量逐渐增大，1PV 时对应的分流量由段塞 0.1PV 时的 0.04PV 增加到段塞 0.4PV 时的 0.38PV。

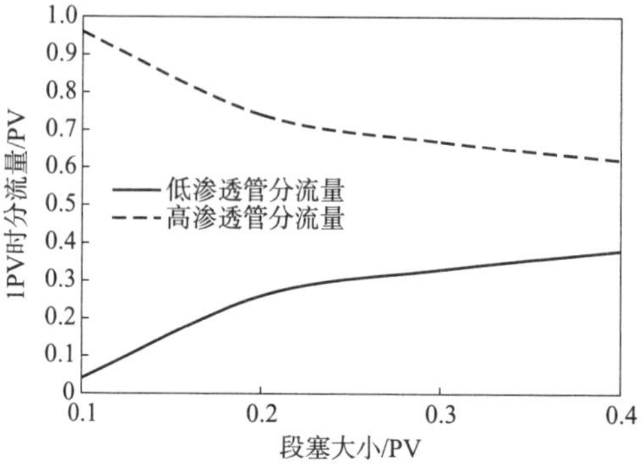

图 3-49　不同泡沫段塞下，高、低渗透层(管)折算到 1PV 时的分流量

从图 3-49 曲线变化规律可知，泡沫和聚合物性能相似，具有较好的调剖能力。流量变化体现了泡沫“堵大不堵小”的机理，因泡沫属于非牛顿流体，具有剪切稀释性，表观黏度随剪切速率的增大而降低，在高渗透层(管)中孔隙截面积大、流速小、表观黏度大，而低渗透层(管)则相反，泡沫黏度较小，泡沫在注入后发生转向，主要流向低渗透层，增加低渗透层(管)的流量分配，扩大了波及体积。因此，随着泡沫段塞的增大，高、低渗透层(管)之间分流量差异逐渐减小。

综合上述各组实验，结合考虑驱油效果与生产成本，可以看出 0.3PV 是较理想的泡沫段塞大小。

3.2.2.5　不同渗透率级差对驱油效果的影响(空气泡沫段塞 0.3PV)

前人研究结果表明，油层渗透率级差及非均质性是影响化学驱提高采收率效果的重要因素。文 120 块油藏也是多油组、多单元笼统注采，研究渗透率级差对泡沫驱油效果的影响具有重要实际意义。

为了进一步验证所选起泡剂在不同渗透率级差并联岩芯模型上的驱油效果，在空气泡沫段塞 0.3PV 条件下，用上述同样的方法进行了不同渗透率级差对空气泡沫驱油效果影响的实验研究。岩芯驱替过程中的步骤、方法与前面相同，即抽真空后饱和地层水和饱和原油，分别单支管饱和后再进行驱替实验。

1)渗透率 $K_{max}/K_{min}=2.8$

由图 3-50 可以看出，C1 组(段塞 0.3PV)低渗透层(管)水驱采出程度由 50% 提高到 69.45%，双管水驱采出程度由 47.56% 提高到 64.8%，提高了 17.24%；泡沫驱后，高渗透层(管)含水率由水驱结束时的 99.71% 下降至最低值 80.03%，下降了 19.68%；低渗透层(管)含水率由水驱结束时的 92.38%，下降至最低值 75%，下降了 17.38%。双管泡沫驱综合含水上升到 98% 时，高渗透层(管)及与低渗透层(管)的含水率分别为 99% 及 95%。

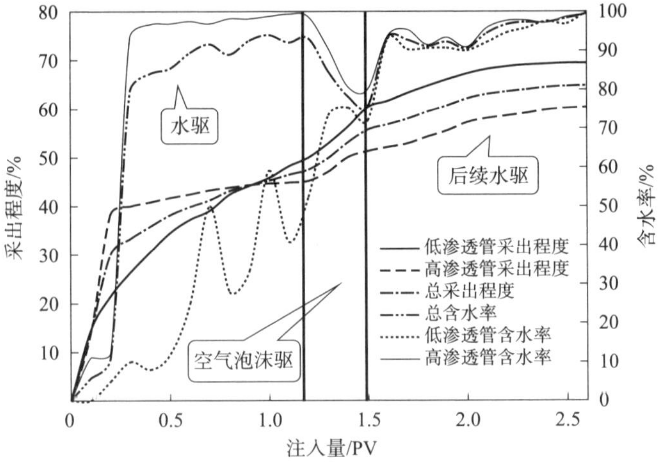

图3-50 渗透率级差为2.8时，注入量与采出程度、含水率的变化曲线

C1组并联岩芯模型的注入量和分流量动态变化规律如图3-51所示。在水驱阶段，高渗透层(管)和低渗透层(管)的注入量和分流量有一定的差距，在0.1PV内高渗透层(管)和低渗透层(管)平均分流量分别为0.075PV和0.025PV左右；而高渗透层(管)和低渗透层(管)的注入量分别以近似恒定的速度增长。注入水主要在高渗透层(管)中形成窜流通道，低渗透层(管)分流量相对较低。随着泡沫段塞的注入，高、低渗透层(管)的分流量差异进一步减小，当注入泡沫段塞0.75PV后，高、低渗透层(管)的分流量开始出现交叉，即低渗透层(管)的分流量高于高渗透层(管)的分流量；高渗透层(管)注入量曲线的斜率变小，即注入速率减小，低渗透层(管)注入量曲线的斜率变大，即注入速率增大。

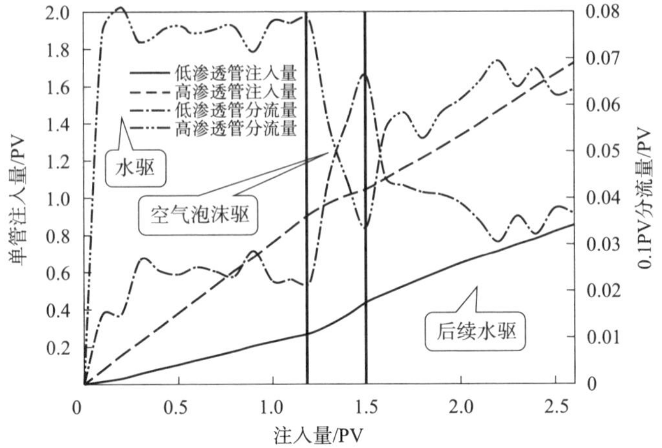

图3-51 渗透率级差为2.8时，注入量与单管注入量、分流量曲线

这是由于高渗透层(管)在前面水驱结束之后，剩余含油饱和度较低，在高渗透层(管)形成了相对稳定的泡沫，增加了渗流阻力。而在低渗透层(管)中由于含油饱和度较高，基本不形成泡沫，泡沫在高、低渗透层(管)的分流量和注入量的差异减小；当泡沫在高渗透层(管)形成的渗流阻力大于低渗透层(管)时，就出现低渗透层(管)分流量大于高渗透层(管)的现象；随后的水驱过程，高渗透层(管)的泡沫逐渐破灭，渗流阻力减小，高渗透层(管)的分流量和注入量的注入速率又逐渐上升，低渗透层(管)的分流量和注入量的注入速率又逐渐降低。上述分流量交叉的现象也反映高、低渗透层(管)的渗透率级差较小。

2)渗透率 $K_{max}/K_{min}=6.8$

由图3－52 可以看出，C2 组(段塞 0.3PV)低渗透层(管)采收程度从水驱的 24.76%提高到 48.1%，高渗透层(管)采收程度从水驱的 41.05%提高到 59.79%，双管采出程度从水驱的 33.41%提高到 54.3%，增加幅度为 20.89%。值得注意的是，双管采收率增加的幅度比渗透率级差为 2.8 时(增加的幅度为 17.24%)提高了 3.65%。同时总含水率从水驱结束时的 98.82%下降至最低时的 70.81%，双管泡沫驱综合含水上升到 98%时，高渗透层(管)及低渗透层(管)的含水率分别为 99%及 96%。

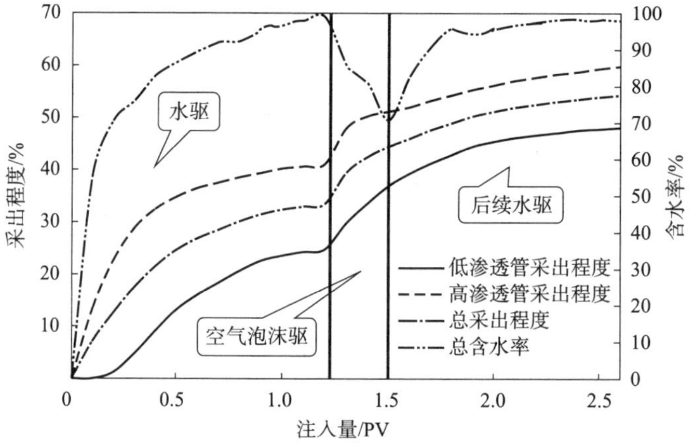

图 3－52 渗透率级差为 6.8 时，注入量与采出程度、含水率的变化曲线

C2 组并联岩芯模型的注入量和分流量动态变化规律如图 3－53 所示。在水驱阶段，高渗透层(管)和低渗透层(管)的注入量和分流量有一定的差距，可知在 0.1PV 内高渗透层(管)和低渗透层(管)平均分流量分别为 0.08PV 和 0.02PV 左右；而高渗透层(管)和低渗透层(管)的注入量分别以近似恒定的速度增长。注入水主要在高渗透层(管)形成窜流通道，低渗透层(管)分流量相对较低。随着泡沫的注入，高、低渗透层(管)的分流量差异进一步减小，当注入泡沫段塞为 0.6PV 后，高、低渗透层(管)的分流量开始出现交叉，即低渗透层(管)的分流量高于高渗透层(管)的分流量；高渗透层(管)注入量曲线的斜率变小，即注入速率减小，低渗透层(管)注入量曲线的斜率变大，即注入速率增大。

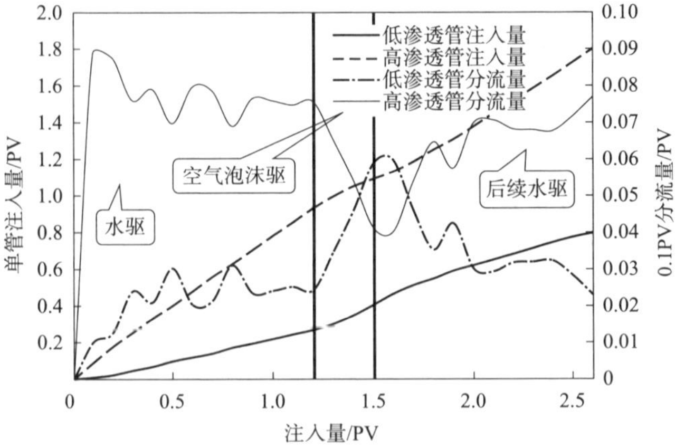

图3-53 渗透率级差为6.8时，注入量与单管注入量、分流量曲线

值得注意的是，C2组相比渗透率级差为2.8时，空气泡沫驱开始后，低渗透层(管)分流量高于高渗透层(管)分流量的持续时间更长。

综上可以看出，渗透率级差为6.8的泡沫体系比2.8的具有更好的封堵能力和驱油效果。

3) 渗透率 $K_{max}/K_{min}=8.9$

由图3-54可以看出，C3组(段塞0.3PV)低渗透层(管)采出程度从水驱的38.87%提高到68.68%，高渗透层(管)采出程度从水驱的45.32%提高到63.88%，双管采出程度从水驱的42.53%提高到65.96%，增加幅度为23.43%。

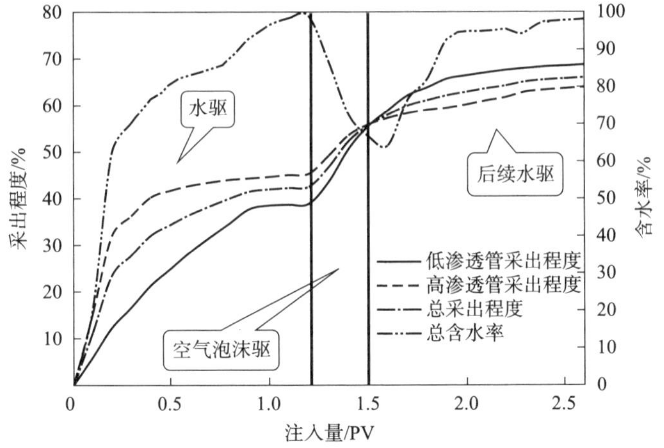

图3-54 渗透率级差为8.9时，注入量与采出程度、含水率的变化曲线

值得注意的是，C3 组双管采出程度增加的幅度比渗透率级差为 6.8 时(增加的幅度为 20.89%)提高了 2.54%。同时总含水率从水驱结束时的 98.85%下降至最低时的 64.18%，双管空气泡沫驱综合含水上升到 98%时，高、低渗透层(管)的含水率分别为 99%及 96%。

C3 组并联岩芯模型的注入量和分流量动态变化规律如图 3－55 所示。在水驱阶段，高渗透层(管)和低渗透层(管)的注入量和分流量有一定的差距，在 0.1PV 内高渗透层(管)和低渗透层(管)平均分流量分别为 0.06PV 和 0.04PV 左右；而高渗透层(管)和低渗透层(管)的注入量分别以近似恒定的速度增长。注入水主要在高渗透层(管)形成窜流通道，低渗透层(管)分流量相对较低。随着泡沫的注入，高、低渗透层(管)的分流量差异进一步减小，当注入泡沫段塞为 0.6PV 后，高、低渗透层(管)的分流量开始出现交叉，即低渗透层(管)的分流量高于高渗透层(管)的分流量；高渗透层(管)注入量曲线的斜率变小，即注入速度减小，低渗透层(管)注入量曲线的斜率变大，即注入速度增大。

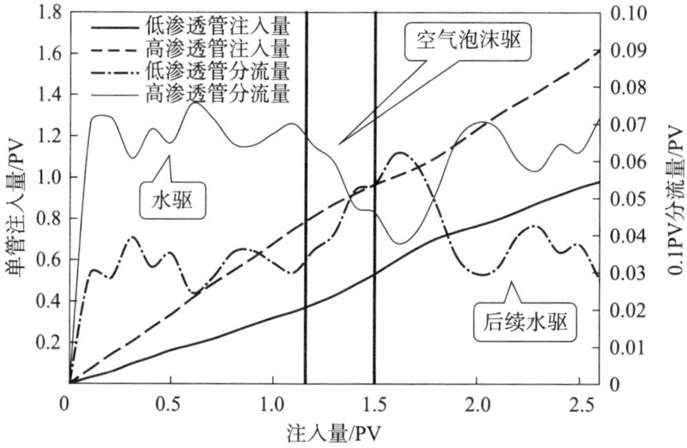

图 3－55　渗透率级差为 8.9 时，注入量与单管注入量、分流量曲线

值得注意的是，C3 组相比渗透率级差为 2.8 和 6.8 时，高、低渗透层(管)间的分流量差进一步减小，空气泡沫驱开始后，低渗透层(管)的分流量高于高渗透层(管)的分流量的持续时间更长。

综上可以看出，渗透率级差为 8.9 的泡沫比级差为 2.8 和 6.8 时的泡沫具有更好的封堵能力，驱油效果也更好、采收率更高。

4)渗透率 $K_{max}/K_{min}=10.7$

由图 3－56 可以看出，C4 组(段塞 0.3PV)低渗透层(管)水驱采出程度由 20.5%提高到 49.5%，提高了 59%；高渗透层(管)水驱采出程度由 38.89%提高到44.5%，提高了12.6%。双管并联岩芯水驱总采出程度由30.13%提高到47.1%，增加幅度为36.03%。同时，双管并联岩芯综合含水率自水驱结束时的98.18%下降至最低时的78.18%，下降了20%。当并联岩芯泡沫驱综合含水上升到98%时，高、低渗透b层(管)的含水率分别为100%及94%。

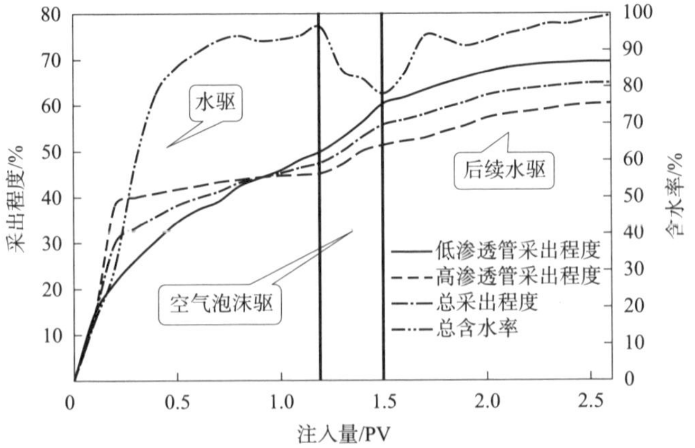

图3-56 渗透率级差为10.7时，注入量与采出程度、含水率的变化曲线

值得注意的是，C4组空气泡沫驱双管采出程度从47.1%增至54.5%，增加的幅度为7.4%，比渗透率级差为8.9时降低了，说明泡沫驱油体系对油藏的非均质适应性不是无限制的，对于渗透率非均质性太严重的并联双管模型，提高采收率的能力受到限制。这是因为非均质严重的双管模型，高渗透层(管)渗透率较高，空气泡沫驱形成的流动压差较低，进而形成的泡沫封堵调剖能力较差，因而提高综合采收率效果较差。注入泡沫段塞后，低渗透层(管)的采出程度有所提高，但提高的幅度较小。

C4组并联双管岩芯模型的注入量和分流量动态变化规律如图3-57所示。在水驱阶段，高渗透层(管)和低渗透层(管)的注入量和分流量有一定的差距，在0.1PV内高、低渗透层(管)平均分流量分别为0.097PV和0.003PV左右；而高渗透层(管)的注入量以恒定的速度增长，低渗透层(管)的注入量几乎不变。注入水主要在高渗透层(管)形成窜流通道，低渗透层(管)分流量很低。随着泡沫段塞的注入，高、低渗透层(管)的分流量差异有所减小，但是由于非均质性太严重，空气泡沫驱形成的压差较低，虽然比基础压差高许多倍，但是由于高渗透层(管)的大孔道作用，绝对压差仍然很低，对于低渗透层(管)的作用较差。因此，高渗透层(管)的分流量远远高于低渗透层(管)的。空气泡沫驱结束后，低渗透层(管)注入量几乎不再增长。结果表明，空气泡沫驱注入结束后，后续水驱的残余阻力系数较高，低渗透层的吸水量没有降低，有效改善了吸水剖面。

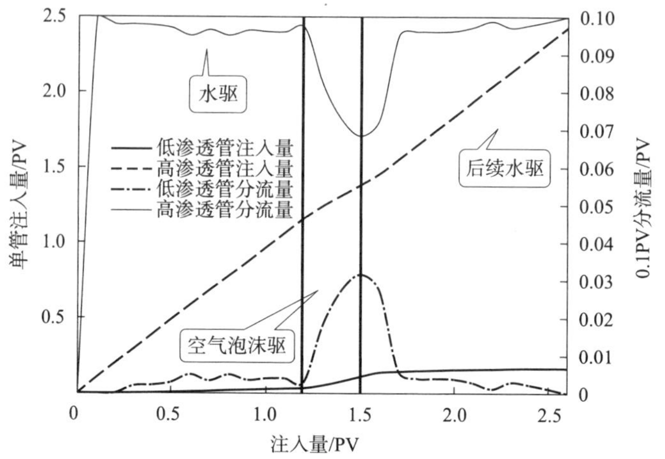

图 3-57　渗透率级差为 10.7 时，注入量与单管注入量、分流量曲线

值得注意的是，C4 组相比渗透率级差为 2.8、6.8 和 8.9 时，高、低渗透层（管）间的分流量差异最大，说明渗透率级差太大，即非均质性太严重的油藏泡沫驱油体系的封堵调剖能力将会受到限制。

综上可以看出，渗透率级差为 10.7 时比级差为 2.8、6.8 和 8.9 的驱油效果差。说明，非均质性越严重，水驱采出程度及泡沫驱采收率越低。

5）渗透率级差对采收率的影响

由表 3-7 和图 3-58 可以看出，随着渗透率级差的增大，采收率提高的幅度先增大后减小。当渗透率级差为 2.8～8.9 时，采收率提高的幅度表现为：高渗透层（管）先由 15.13% 增加到 18.74% OOIP 后又降到 18.56% OOIP，低渗透层（管）由 19.45% OOIP 增加到 29.81% OOIP，双管并联岩芯的采收率由 17.24% OOIP 增加到 23.43% OOIP。渗透率级差为 8.9～10.7 时，采收率提高的幅度表现为：高渗透层（管）由 18.56% OOIP 降低到 13.55% OOIP，低渗透层（管）由 29.81% OOIP 降低到 9.00% OOIP，双管由 23.43% OOIP 降低到 11.74% OOIP。

表 3-7　四组渗透率级差并联岩芯模型的驱油效果

组别	K_{max}/K_{min}	参数	采出程度/%			比水驱提高采收率/% OOIP
			水驱	泡沫驱	后续水驱	
C1 组	2.8	高渗透层（管）	45.22	51.30	60.35	15.13
		低渗透层（管）	50.00	60.36	69.45	19.45
		双管	47.56	55.73	64.80	17.24

续表

组别	K_{max}/K_{min}	参数	采出程度/%			比水驱提高采收率/% OOIP
			水驱	泡沫驱	后续水驱	
C2 组	6.8	高渗透层(管)	41.05	51.16	59.79	18.74
		低渗透层(管)	24.76	36.90	48.10	23.34
		双管	33.41	44.47	54.30	20.89
C3 组	8.9	高渗透层(管)	45.32	55.83	63.88	18.56
		低渗透层(管)	38.87	55.47	68.68	29.81
		双管	42.53	55.67	65.96	23.43
C4 组	10.7	高渗透层(管)	38.89	49.11	52.44	13.55
		低渗透层(管)	7.00	15.00	16.00	9.00
		双管	26.13	35.47	37.87	11.74

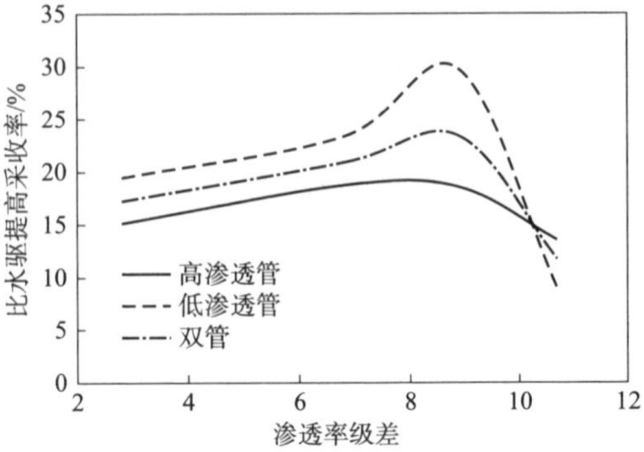

图3-58 不同渗透率级差下，比水驱提高采收率的变化曲线(段塞0.3PV)

综上可知，在渗透率级差较低时，随着渗透率级差的增大，泡沫驱采收率提高。当渗透率级差大于8.9时，随渗透率级差的增大，驱油效果变差，对高、低渗透层(管)的封堵调剖能力变小，这主要是由于低渗透层(管)的启动压差远远高于高渗透层(管)，即使注入空气泡沫段塞，低渗透层(管)的驱动程度仍较低，封堵调剖能力较差，主要还是通过提高高渗透层(管)的采出程度提高采收率，但双管的采出程度反而降低。

3.2.3 泡沫驱注入压力上升规律

由图3-59可以看出，水驱阶段的压差梯度较小，基本处在0.04MPa/m左右且相对稳定。在注水1.2PV后进行空气泡沫驱，注入方式是气液交替注入。可见，在注气阶段内压力急剧上升，而注液过程中压力呈下降的趋势，但是压差仍大于初始水驱压差。在注泡沫阶段，最高压差达到0.75MPa/m，随着泡沫段塞的注入，泡沫在高渗透层(管)形成有效封堵，提高低渗透层(管)剩余油的动用程度。空气泡沫驱结束后，后续水驱过程中生产压差逐渐呈下降的趋势，但仍大于初始水驱过程的压差，后续水驱结束后的压差梯度最小值为0.23MPa/m。这说明空气泡沫驱具有理想的驱油效果。

由图3－60可以看出，泡沫驱替过程中，形成了理想的泡沫。这也进一步说明，空气泡沫驱具有理想的驱油效果。

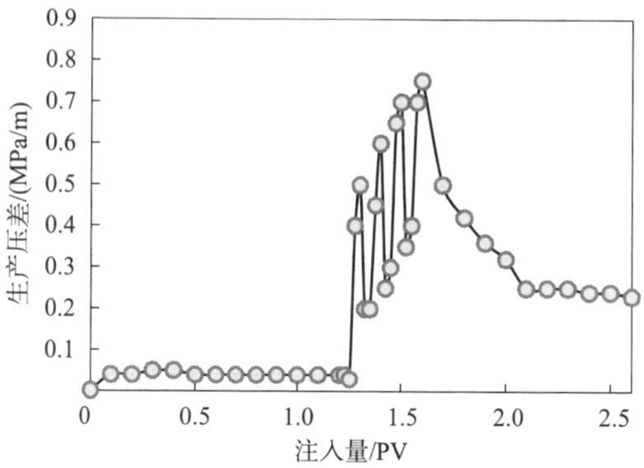

图3－59　段塞0.4PV时注入量与生产压差变化曲线

图3－60　产出液中产出泡沫实际照片

3.2.4　岩芯驱替实验小结

(1)文120块油藏条件下，泡沫体系的阻力系数在30～90之间，可以满足提高采收率对阻力系数的要求，最终确定起泡剂浓度为0.1%。

(2)当起泡剂浓度为0.1%时，残余阻力系数达到最大值3.1，具有理想的驱油效果。

(3)在低流速(0.1～0.3m/d)条件下，尽管泡沫数量相对较少，但泡沫的阻力系数仍可达12～16。文120块油藏泡沫驱的临界起泡速度为0.1m/d。

(4)最低起泡条件即起泡原油饱和度为18%。随着含油饱和度的增加，泡沫阻力系数逐渐降低，在含油饱和度大于30%时，虽然泡沫体系消泡多，但阻力系数(25左右)也较高。

(5)当渗透率≤$1000\times10^{-3}\mu m^2$时，随着岩芯渗透率的增大，阻力系数逐渐增大；当渗透率$>1000\times10^{-3}\mu m^2$时，随着岩芯渗透率的增大，阻力系数逐渐降低，泡沫逐渐表现出管流的流动特征。

(6)随着压力的增大，阻力系数逐渐增加，当回压分别为0MPa、5MPa、10MPa时，对应的阻力系数分别为46、72、90。

(7)根据室内岩芯驱替实验提高采收率的结果，确定文120块油藏空气泡沫驱泡沫段塞为0.30PV，比水驱提高采收率为17.24% OOIP。

(8)在渗透率级差较低时，随着渗透率级差的增大，泡沫驱采收率提高。当渗透率级差大于8.9时，随渗透率级差的增大，驱油效果变差，对高、低渗透层(管)的封堵调剖能力变小。

3.3 原油静态氧化实验及安全性

3.3.1 气体混合物爆炸理论

3.3.1.1 爆炸的临界氧含量和安全氧含量

临界氧含量是指当给以足够的点燃能量能使某一浓度的可燃气体刚好不发生燃烧爆炸的临界最高氧浓度，即为爆炸与不爆的临界点。若氧含量高于此浓度，便会发生燃烧或爆炸；若氧含量低于此浓度，便不会发生燃烧或爆炸。安全氧含量是指当给以足够高的点火能量都不能使任意浓度的可燃气体或液体蒸汽发生爆炸的临界最高氧浓度。若氧含量高于此浓度，对于某一浓度的可燃气体会发生燃烧爆炸，但是若氧含量低于此浓度，则任意浓度的可燃气体都不会发生燃烧或爆炸。通常最低临界氧含量即为安全氧含量。

3.3.1.2 临界氧含量的理论计算

常温常压下，理论最低临界氧含量等于下限浓度的可燃物刚好完全反应所需要的临界氧含量。而可燃气体在爆炸上限时，其临界氧含量等于混合气中的实际氧含量。在没有具体实验依据时，可采用可燃性气体的爆炸下限达到完全燃烧时所需要的氧原子个数(即最小氧体积分数)以估算最低临界氧含量，对大多数烃类产物而言，常温常压下理论最低临界氧含量在10%左右(表3-8)，氧含量低于该值，即使遇明火也不会发生爆炸。

表3-8 天然气各组分最低临界氧含量

组分	单组分爆炸下限/%	临界氧含量/%
N_2	0.00	0.00
CO_2	0.00	0.00
CH_4	5.40	10.80
C_2H_6	3.50	11.20
C_3H_8	2.28	11.40
C_4H_{10}	1.72	11.18

续表

组分	单组分爆炸下限/%	临界氧含量/%
C_5H_{12}	1.38	11.04
C_6H_{14}	1.15	10.89
C_7H_{16}	0.99	10.89
C_8H_{18}	0.87	10.87
C_9H_{20}	0.77	10.78
$C_{10}H_{22}$	0.69	10.70

3.3.1.3 混合气体爆炸极限实验

图3－61为混合气体爆炸极限实验装置。该实验具体步骤包括：①爆炸容器里装满水；②通入甲烷，记录量筒里的水的体积 V_1，则甲烷的体积为 V_1；③向容器里通入空气，并保持压力不变，记录量筒里的水的体积 V_2，则氧气的体积为 $(V_2-V_1)/5$；④点火观察是否发生爆炸，并且算出甲烷和氧气的含量。

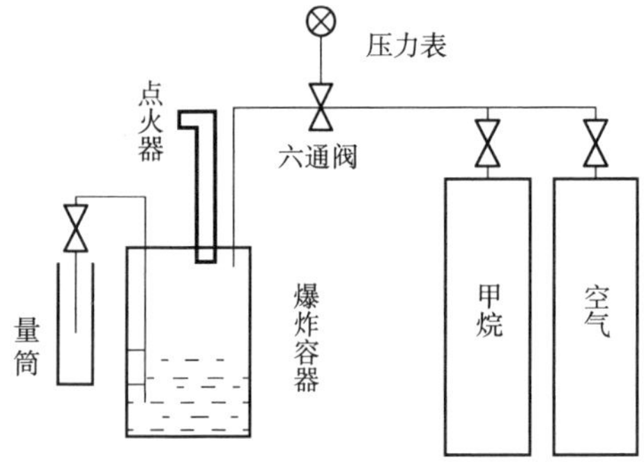

图3－61 混合气体爆炸极限实验装置

由于产出气、天然气成分较复杂，而各个油井的气体含量及成分也不同，因此，在燃爆特性实验中选用甲烷代表可燃气体进行实验。由图3－62可知，华北油田的氧含量临界点为10.89%，氧含量低于该值不会发生爆炸。

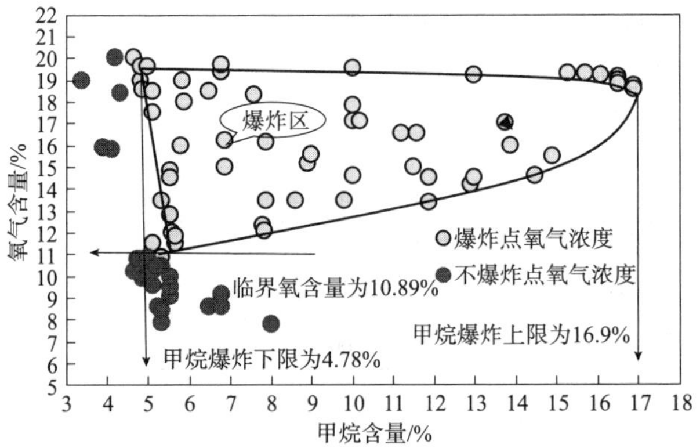

图3－62 实验测得的甲烷－空气的爆炸极限及爆炸区域图

3.3.2 原油静态氧化室内实验

空气泡沫驱提高采收率技术不但具有传统的注气作用，还具有氧化产生的其他效果。在油藏中，注入空气后，在地层条件下，氧气与原油发生低温氧化反应，消耗氧气产生碳的氧化物以及反应产生的热量使油层温度升高，促使轻质组分蒸发，在油层内生成 CO、CO_2 以及由 N_2 和蒸发的轻烃组分等组成的烟道气。因此，直接起驱替作用的不是空气而是烟道气。此外，空气泡沫驱技术的安全性在于是否在油藏条件下能够将空气中的氧气消耗掉，原油的氧化性能是能否实施空气泡沫驱的先决条件。

3.3.2.1 原油低温静态氧化实验仪器

本实验所需实验仪器包括烘箱、高温反应釜、空气瓶、增压泵、压力表、高压管线、阀门、集气瓶、色谱仪以及测氧仪等。

3.3.2.2 实验方法及目的

在油藏温度下，空气与原油发生低温氧化反应，反应消耗掉大部分氧气，生成少量 CO 及 CO_2 等气体，近似形成烟道气，同时产生的一些烃类氧化物存在于原油中，使得原油性质随之发生改变。通过室内注空气静态实验，模拟原油在不同温度、不同压力等条件下的低温氧化过程，检测和分析采出气体中氧含量的变化，进一步研究空气驱低温氧化机理，研究华北油田地层条件下，原油与空气的氧化特性以及温度、压力变化与氧化能力的关系。

3.3.2.3 实验步骤

实验的具体步骤如下。

(1)取出高温反应釜，将容器内的残存物清理，并用汽油洗净，放置、待用。

(2)取一定量的原油放入高温反应釜中，加压至设定压力，测试其密封性。

(3)如果密封性完好，装入恒温容器，开始实验；否则需要检查漏点，排除漏点后开始实验。

(4)向容器中通入空气至设定压力，并将其放入设定温度的烘箱中恒温加热。记录压力随时间变化的情况，待压力保持稳定不变后，取样测试气体中的氧含量。

3.3.2.4 压力对反应的影响

静态氧化实验是在不同压力、不同温度等条件下，研究原油的氧化反应速率或耗氧量、产出气体组分及反应前后原油组分的变化，证明原油的氧化性能及注入空气的技术可行性。因此，对华北油田提供的原油进行了多组静态氧化实验(表3-9)。

表3-9　不同油气比、不同压力下的实验结果

序号	油气比	压力/MPa	温度/℃	反应后氧含量/%	反应速率/{$molO_2$/h-mL[oil]$\times 10^{-5}$}
1	1：0.6	5.0	87	5.7	1.96
2	1：0.6	9.0	87	5.0	2.65
3	1：0.6	13.0	87	2.6	4.20
4	1：1.0	5.0	87	7.0	2.49
5	1：1.0	9.0	87	5.3	3.30
6	1：1.0	13.0	87	3.1	5.05
7	1：1.5	5.0	87	7.7	1.78
8	1：1.5	9.0	87	5.8	2.01
9	1：1.5	13.0	87	3.4	3.54

压力增加，原油低温氧化速率也随之增加，反应后的氧气含量随着压力的增加而减少，氧化程度受到压力的影响。其原因可能是原油在高压下，部分氧气会溶解在油膜中。根据亨利定律，随着压力的增加，空气中的氧气分压增加，溶解在原油中的氧含量也随之增加。实验反应温度远远没有达到使原油汽化的程度，因此，氧化反应可认为发生在气液界面和液相内部。当系统压力增加时，气液界面的氧气分子浓度会增加，同时由亨利定律可知，原油中溶解氧气的浓度也会增加，原油中活性基团与氧分子碰撞的概率加大，因此，氧化反应速率也相应地随之增加。当然，如果氧气分压足够高时，溶解在原油中的氧气达到饱和，气液界面上的氧分子数量也会增加到一个极大值，使控制原油氧化速率的主要因素转变成为氧气向液相的扩散速率。这时，压力增加将不会再影响到氧化反应的速率。

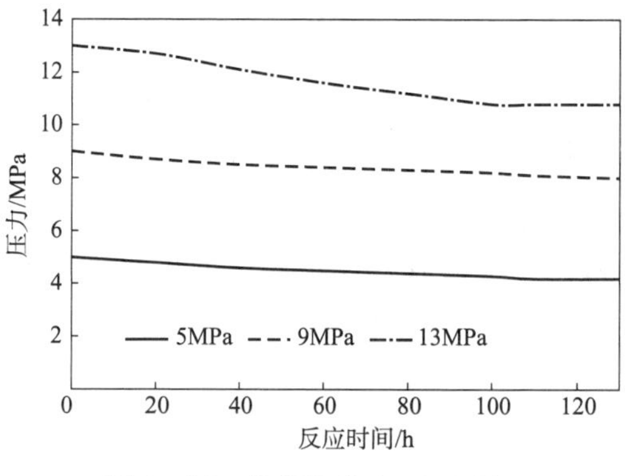

图3-63　油气比为1：0.6时，静态低温氧化氧分压变化曲线

实验过程压力变化结果如图3-63~图3-65。结果表明，体系压力变小，气体组分发生变化，说明华北油田原油可以发生低温氧化反应。随着压力的升高，原油与氧气的反应速率和平均压力降越

大，氧含量越低。说明在相同温度条件下，体系压力升高有利于加快氧化反应速率，从而加速空气中氧的消耗。实验初期，体系压力降低较大，由于气体溶解于原油引起一定的压力降低，同时低温氧化反应也消耗了一定量的氧气，而后随着氧气浓度逐渐降低，低温氧化反应速度逐渐减慢，压力曲线逐渐趋于平缓。

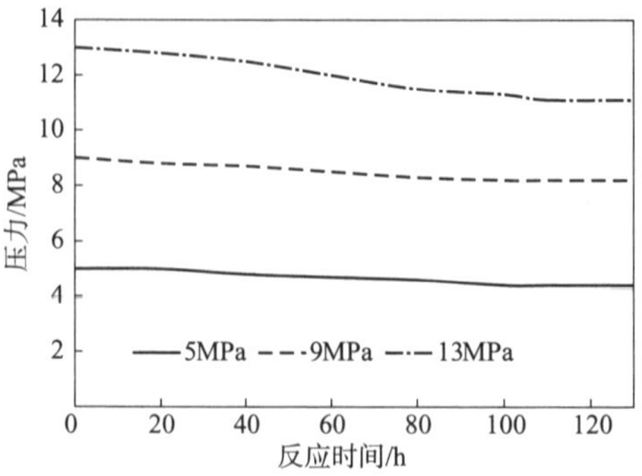

图3-64 油气比为1∶1时，静态低温氧化氧分压变化曲线

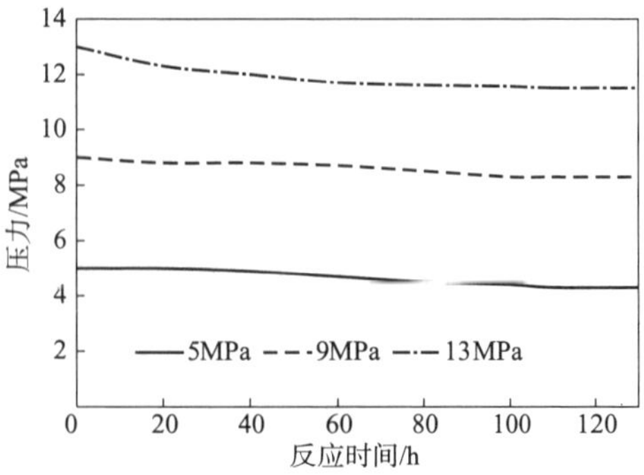

图3-65 油气比为1∶1.5时，静态低温氧化氧分压变化曲线

由图3-66可知，自下到上三条油气比曲线分别为1∶1.5、1∶0.6和1∶1时的反应速率与压力关系曲线。在油气比一定时，体系压力越高，反应速率越快。压力增大使反应空气中氧气的浓度增大，也就为氧化反应提供了更大量的氧化剂，从而使氧化反应加快。另外，油气比分别为1∶1.5、1∶0.6和1∶1时的反应速率与压力关系曲线的斜率依次递增。当油气比为1∶1时，反应速率曲线斜率明显增大，也就是说，一定油气比下，随压力增加，反应速率上升较快。当油气比为1∶1.5时，反应速率与压力关系曲线表明：随压力的升高，反应速率变化较为平缓。当油气比为1∶1、1∶0.6时反应速率与压力关系曲线表明：随压力的升高，反应速率明显加快。而当油气比为1∶1时的反应活性随压力的升高增加最快。同时也说明在气油比为1∶1时，实验所选油样与氧反应的活性较大。

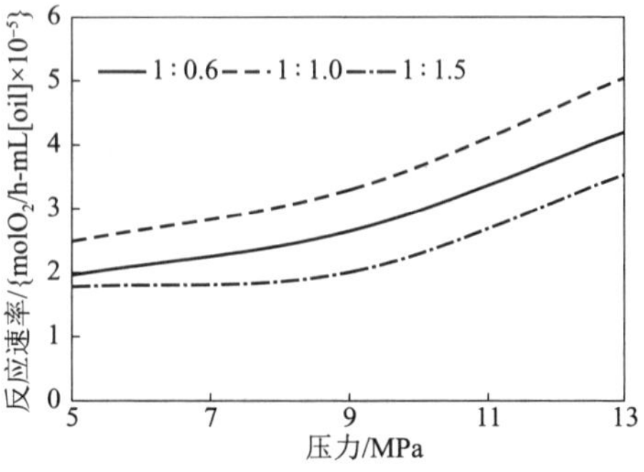

图3-66 原油静态氧化反应速率与体系压力关系曲线

由油藏数值模拟可知：文120块油藏空气泡沫驱最佳方案主段塞大小为0.35PV，气液比为1.2∶1，注气量为0.2PV，原油地质储量为$160.06\times10^4m^3$，

孔隙体积为 $585.378\times10^4m^3$，截至 2013 年，剩余原油储量为 $120\times10^4m^3$，即剩余原油储量为 0.20PV，则最终原油氧化油气比为 1∶1。

3.3.3 原油静态氧化反应实验总结

(1)通过原油静态氧化反应实验，发现所用华北油田油样有较好的氧化能力。实验证实，压力对原油的氧化反应影响较大，随着压力的升高，反应速率和平均压力降越大，氧含量越低并且接近 0，轻烃等气体也越多。

(2)通过实验可得华北油田原油在不同温度压力下的氧化速率，当压力为 13MPa，温度为 87℃时，氧化速率为 $7.36mol\ O_2/h-mL[oil]\times10^{-5}$，而实际油层环境下的氧化速率更大。中原油田的氧化速率为 $5.15mol\ O_2/h-mL[oil]\times10^{-5}$，先导性矿场试验过程中未出现安全问题，表明空气泡沫驱安全，不会发生爆炸。

(3)注空气泡沫驱是一种十分有效的三次采油新技术，不但具有传统的注气作用，还有因氧化反应所产生的有利于驱油的其他效果。考虑到油田生产的安全，要保证产出气中含氧量低于氧气发生爆炸时的浓度，这就需要研究在空气泡沫驱时氧气与原油的低温氧化反应特性。要控制爆炸，将可燃气体控制在爆炸范围以外或者氧含量低于临界氧含量的最低值即安全氧含量是最安全的方法。

(4)在温度为 87℃，压力为 13MPa 条件下，最终氧含量为 0.6%，远远低于爆炸的临界氧含量(10.89%)，因此，进行空气泡沫驱是安全的。

3.4 油藏储层地质建模

3.4.1 地质模型的建立

油气藏构造建模建立在准确进行地层对比的基础上。油气藏构造建模通常包括两个主要部分，即地层层面建模和断层建模，本次建模实验区内发育大量的正断层，因此，首先要根据地震解释的断层线进行断层建模，在断层建模的基础上，根据测井解释的地质分层建立地层层面模型。地层格架模型采用确定性建模方法，地层格架模型是由坐标数据、分层数据建立的叠合层面模型，即首先通过插值法，形成各个等时层的顶、底层面模型(即层面构造模型)；然后根据地质研究得出的地层组合方式，将各个层面模型进行空间整合，建立油气藏构造模型。根据以上原则及对原始资料的处理，本次建模试验区面积约 $1.4km^2$，纵向上目的层共划分为14个有效模拟层，加上14个隔(夹)层共28个层，为了充分体现储层的纵向非均质性，根据模拟技术方法研究，设定网格横向步长为30m，目的层三维网格数为89×79×28=196868个。图3-67为文120块油藏目的层三维地质模型。

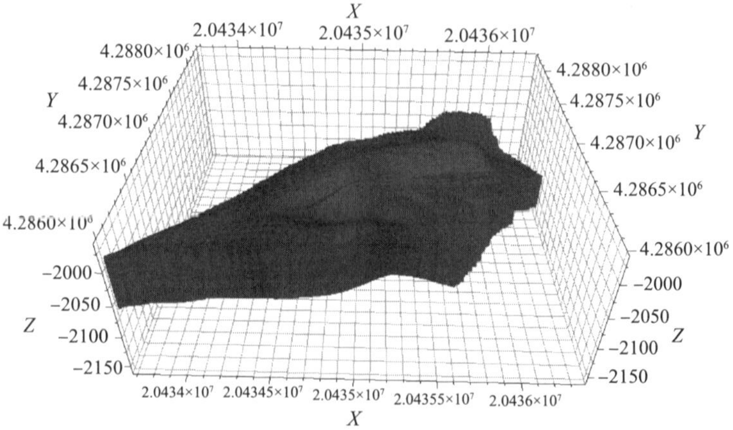

图3-67 文120块目的层三维地质模型

3.4.2 模型储量

地质储量是数值模拟的关键参数。通常，地质模型储量与油藏地质工程师的计算储量的误差，应小于10%，小于5%更理想。

在完成文120块油藏空气泡沫试验区三维地质随机建模后，根据所建立的模型，运用容积法可以计算出储层的地质储量。具体实现为：根据设计的网格大小和数目，计算建模地质体的总体积(B_v)；根据储层储地比模型(N/G)，计算有效储层的总体积($N_v=B_v\times N/G$)；根据孔隙度模型(P_{or})，计算有效储层的孔隙体积($P_v=N_v\times P_{or}$)；根据地层原始含水饱和度(S_w)，计算地下原油的体积[$G_v=P_v\times(1-S_w/100)$]；根据地下原油的体积系数(B_o)，计算地下原油在地表脱气后的体积($G_{sv}=G_v/B_o$)，再根据地面脱气原油的密度计算出地面脱气原油的重量，即为原油的地质储量。表3-10给出了文120块油藏试验区地质模型计算储量与油藏工程师计算储量的对比结果。

根据统计，油层平均厚度为17.5m，储层孔隙度为22%，有效渗透率为106.7×10^{-3} μm^2，地质储量为151.39×10^4t。根据以上边界、界面及参数的确定，基于文120井区砂岩油藏三维地质模型，对油藏原始地质储量进行了复算，原油地质储量为150.48×10^4t，与容积法计算储量(151.39×10^4t)相比，相对误差为 0.60%。

表 3-10　文 120 块砂岩油藏原始地质储量表

砂组	建模层	B_v/ 10^4m^3	N_v/ 10^4m^3	P_v/ 10^4m^3	原始地质储量/ 10^4m^3	原始地质储量/ 10^4t
Ⅰ	Zone 2	185.97	185.98	23.70	6.48	6.09
	Zone 4	409.72	409.72	64.64	17.67	16.62
	Zone 6	594.60	594.60	81.84	22.38	21.04
	Zone 8	482.60	482.61	70.35	19.24	18.09
	Zone 10	387.83	387.86	55.62	15.21	14.30
	Zone 12	443.07	443.07	57.72	15.78	14.84
Ⅱ	Zone 14	323.74	323.74	45.40	12.41	11.67
	Zone 16	610.83	610.83	87.10	23.82	22.40
	Zone 18	199.53	199.53	30.81	8.42	7.92
	Zone 20	195.83	195.83	27.30	7.46	7.02
	Zone 22	196.85	196.85	26.32	7.20	6.76
Ⅲ	Zone 24	79.16	79.16	12.31	3.36	3.16
	Zone 26	14.25	14.25	2.16	0.59	0.55
	Zone 28	0.30	0.30	0.06	0.02	0.02
	总计	4124.28	4124.33	585.33	160.04	150.48

3.5　油藏数值模拟

3.5.1　模型粗化

为了获得能够充分反映储层非均质性的储层地质模型，网格的定义必须具有足够的密度，定义的依据主要考虑横向上的井网密度和纵向上的砂层厚度。通过对目标油藏精细地质模型进行粗化和调整，砂岩油藏 X 方向划分 71 个网格，Y 方向划分 77 个网格，Z 方向为 12 层(10 个有效层和 2 个隔层)，有效网格节点总数为 65604 个。

数值模拟模型与地质模型对应层号、模型初始孔隙度、渗透率、饱和度及有效厚度分布如表 3-11 所示。

表 3-11 数值模拟层与地质层对应表及其物性初始数据

模拟层		物性平均值	
		孔隙度/%	X 方向平均渗透率/$10^{-3}\mu m^2$
全区		16.3	30.8
Ⅰ	第 2 模拟层	18.3	12.2
	第 4 模拟层	21.2	28.4
	第 6 模拟层	18.3	11.6
	第 8 模拟层	19.4	14.8
	第 10 模拟层	17.8	15.2
	第 12 模拟层	19.2	15.6
Ⅱ	第 14 模拟层	18.6	6.7
	第 16 模拟层	18.8	18.7
	第 18 模拟层	20.2	14.9
	第 20 模拟层	19.3	9.5
	第 22 模拟层	18.6	10.7
Ⅲ	第 24 模拟层	17.9	11.3
	第 26 模拟层	17.5	11.7
	第 28 模拟层	18.2	27.2

3.5.2 数值模拟的思路和方法

数值模拟水驱历史拟合时间为 1999 年 12 月到 2013 年 2 月底，共 14 年，采用定液模拟，报告步长为一个月。水驱历史拟合包括静态拟合和动态拟合。完成水驱历史拟合后，进行泡沫驱注入程序、注入方式、段塞大小的优化与设计以及效果预测，包括主段塞优化设计、前置段塞优化设计、气液比优化设计、交替周期优化设计以及注入速度优化设计等。

3.5.3 拟合指标

历史拟合过程遵循以下的步骤：①拟合储量；②拟合全区和单井的产液量；③拟合全区产油量和产水量；④拟合单井的产油量和产水量。

3.5.3.1 储量拟合

储量拟合是一项最直接的模型检验，是对实际地质储量的拟合。以三维建模产生的储层模型、孔隙度、饱和度参数模型为基础，进行储量拟合。用储量拟合结果与实际地质储量非常接近，证明建立的三维地质模型的吻合程度较高。

文 120 井区含油面积为 1.4km^2，石油地质储量为 151.39 $\times 10^4$t。由表 3-12

储量拟合的结果来看，拟合的误差为4.07%。可见数值模拟计算的储量是可靠的，证明本模型储量符合实际。

表3-12　文120块模型各小层储量拟合结果

地质层	模拟层	地质储量/10^4t	数模储量/10^4t
Ⅰ	第2模拟层	6.09	4.43
	第4模拟层	16.62	17.82
	第6模拟层	21.04	23.31
	第8模拟层	18.09	21.28
	第10模拟层	14.30	15.75
	第12模拟层	14.84	17.04
Ⅱ	第14模拟层	11.67	12.26
	第16模拟层	22.40	23.89
	第18模拟层	7.92	7.12
	第20模拟层	7.02	5.55
	第22模拟层	6.76	6.17
Ⅲ	第24模拟层	3.16	1.88
	第26模拟层	0.55	0.95
	第28模拟层	0.02	0.11
合计		150.48	157.56

3.5.3.2　全区及单井拟合

在水驱历史拟合过程中，采用定液量拟合方法，根据全区及单井拟合指标完成拟合后，其孔隙度、渗透率、饱和度场的平均数值如表3-13所示。

表3-13　物性拟合后数据表

模拟层	物性平均值	
	孔隙度/%	X方向渗透率/$10^{-3}\mu m^2$
全区	16.82	24.14
第2模拟层	15.51	12.59
第4模拟层	19.86	47.3
第6模拟层	16.56	16.85
第8模拟层	17.4	15.79
第10模拟层	19.2	32.47
第12模拟层	18.78	30.27
第14模拟层	17.08	19.82
第16模拟层	18.37	22.07
第18模拟层	18.32	28.44
第20模拟层	14.62	28.54

续表

模拟层	物性平均值	
	孔隙度/%	X 方向渗透率/$10^{-3}\mu m^2$
第 22 模拟层	14.09	18.52
第 24 模拟层	14.30	14.62
第 26 模拟层	14.72	21.25
第 28 模拟层	16.70	27.86

全区实际累计产油量为 338524m^3，数值模拟累计产油量为 343216m^3，相对误差为 1.38%。全区共有生产井 16 口，其中拟合较好的井共 10 口，拟合一般的井 4 口，拟合较差的井 2 口；拟合较好和一般的生产井共 14 口，占全部模拟井的 87.5%，达到了数值模拟水驱拟合基本符合实际情况井数 2/3 的要求(图 3-68～图 3-87)。

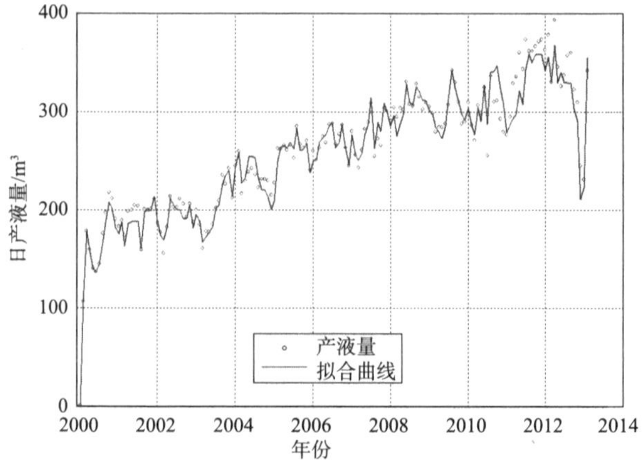

图 3-68　文 120 块日产液量拟合曲线

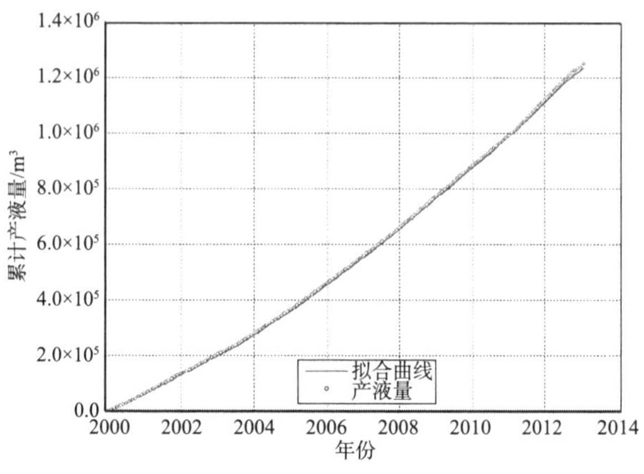

图 3-69　文 120 块累计产液量拟合曲线

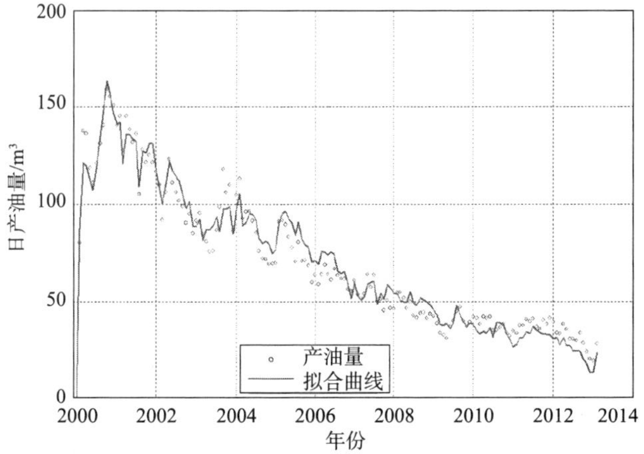

图 3－70　文 120 块日产油量拟合曲线

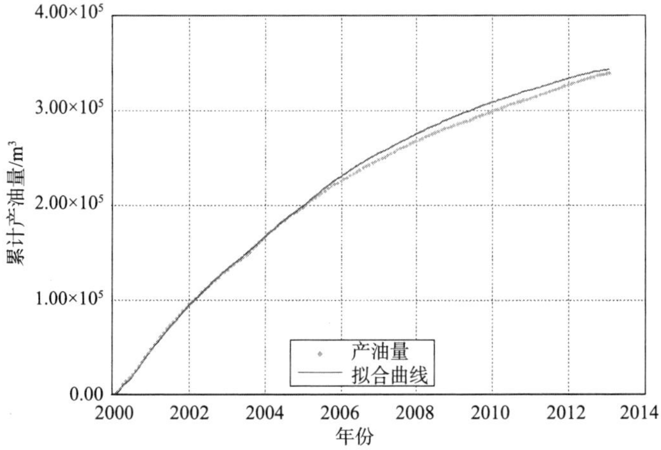

图 3－71　文 120 块累计产油量拟合曲线

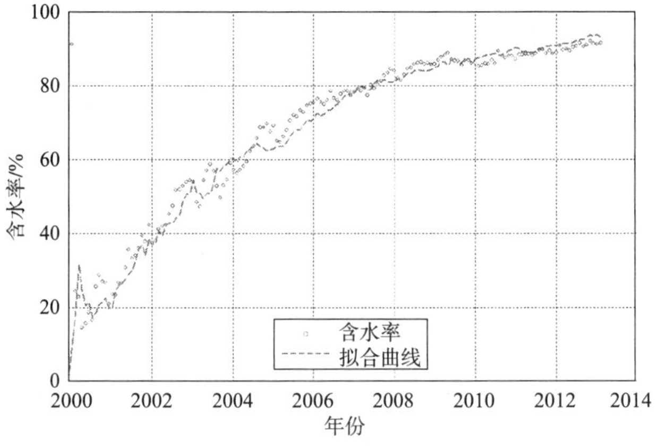

图 3－72　文 120 块含水率拟合曲线

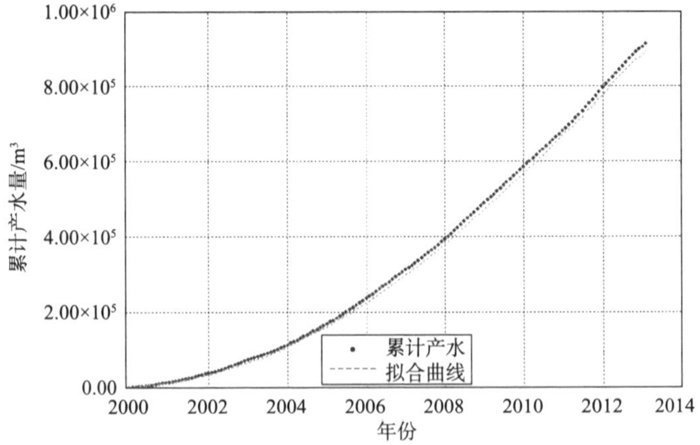

图3-73 文120块累计产水量拟合曲线

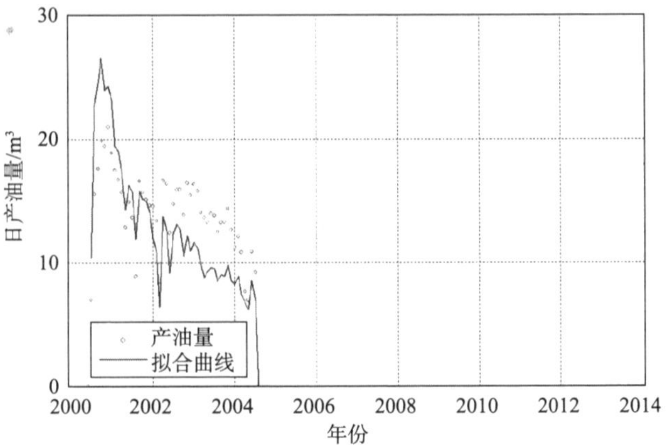

图3-74 120井日产油量拟合曲线

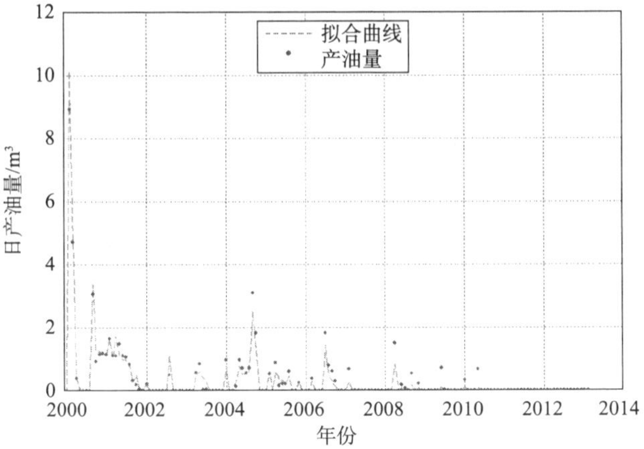

图3-75 120-1井日产油量拟合曲线

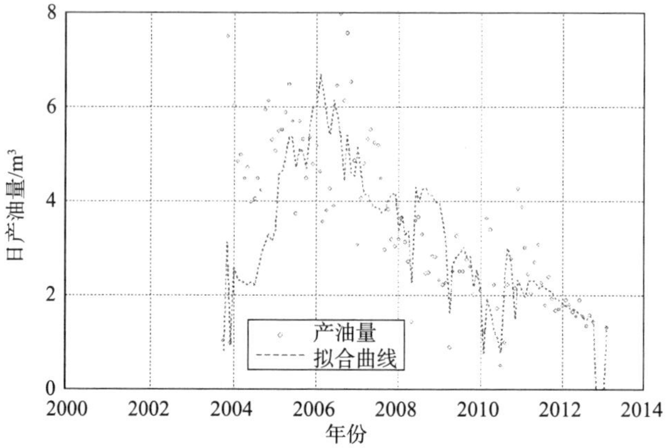

图3－76　120－10井日产油量拟合曲线

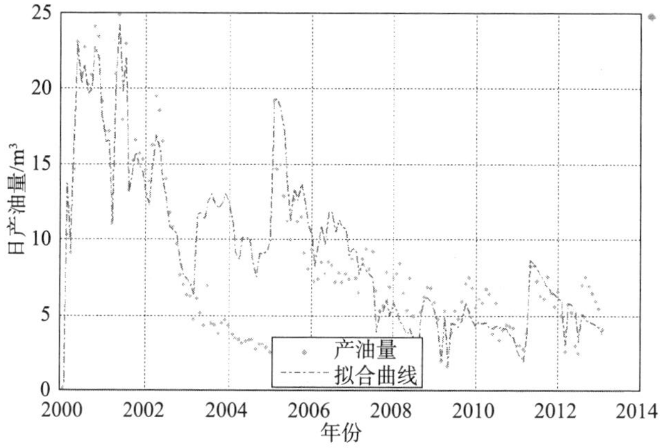

图3－77　120－16井日产油量拟合曲线

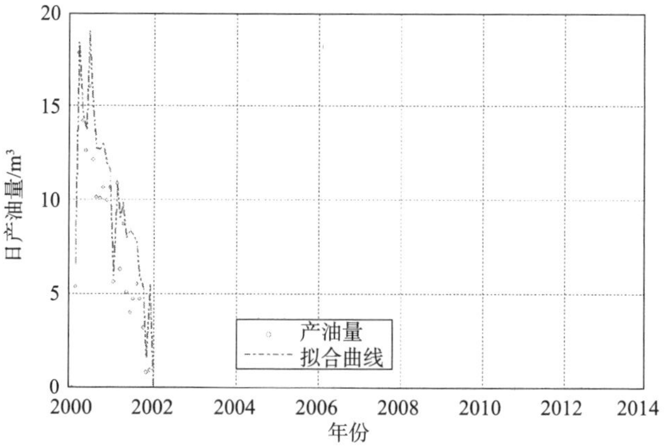

图3－78　玉东120－17井日产油量拟合曲线

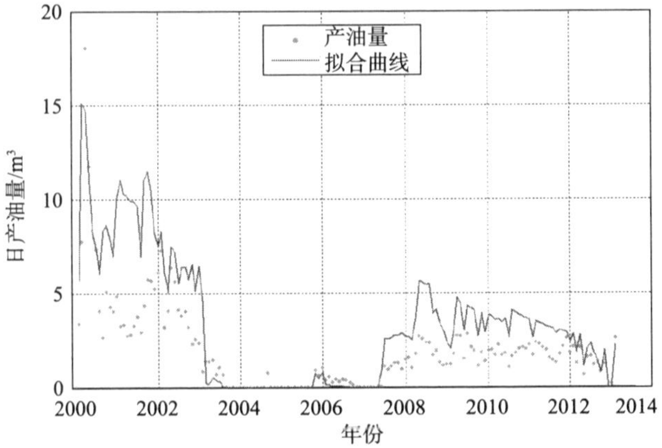

图3-79 120-18井日产油量拟合曲线

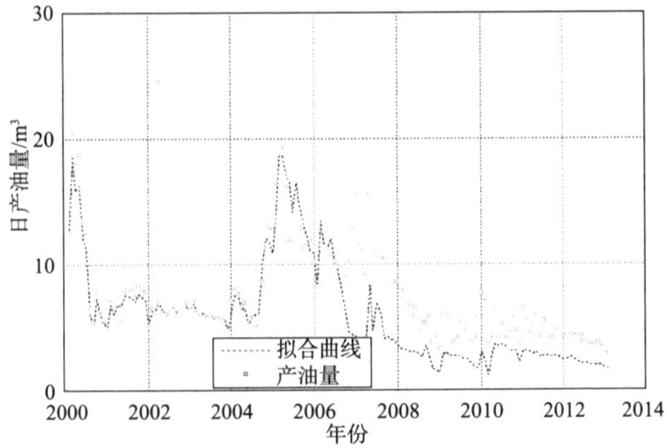

图3-80 120-19井日产油量拟合曲线

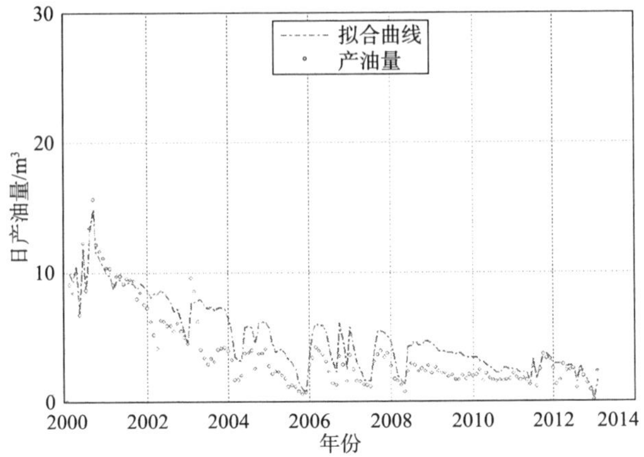

图3-81 120-20井日产油量拟合曲线

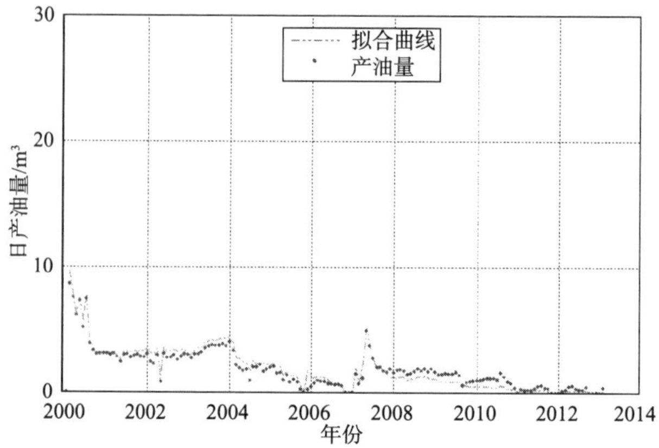

图3-82　120-21井日产油量拟合曲线

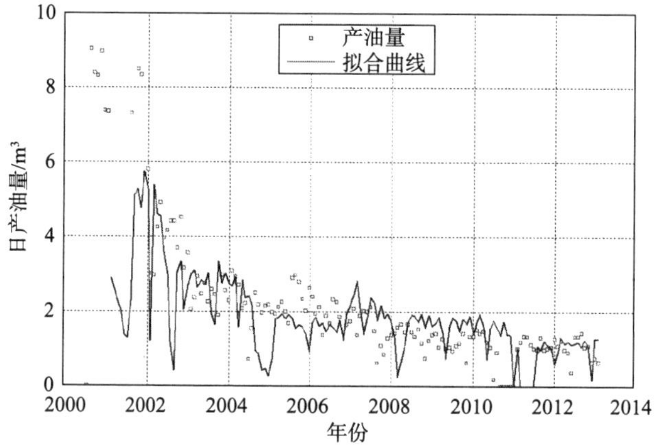

图3-83　120-23井日产油量拟合曲线

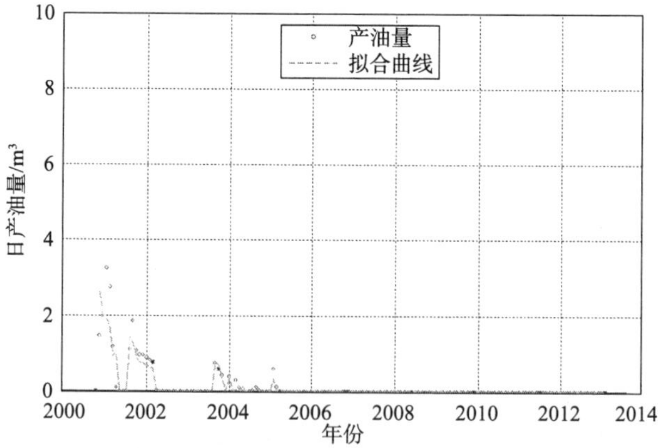

图3-84　120-24井日产油量拟合曲线

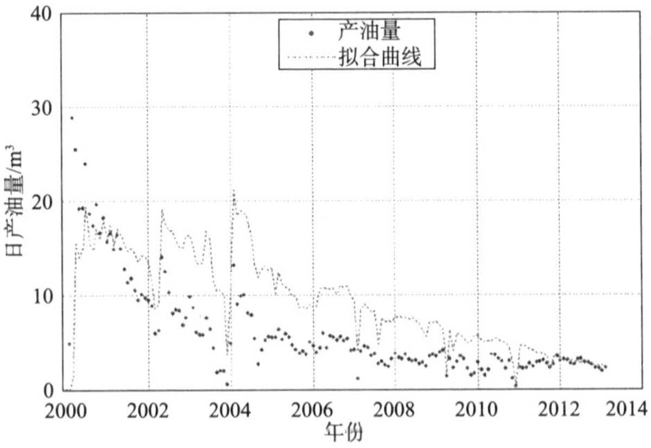

图 3－85　120－3 井日产油量拟合曲线

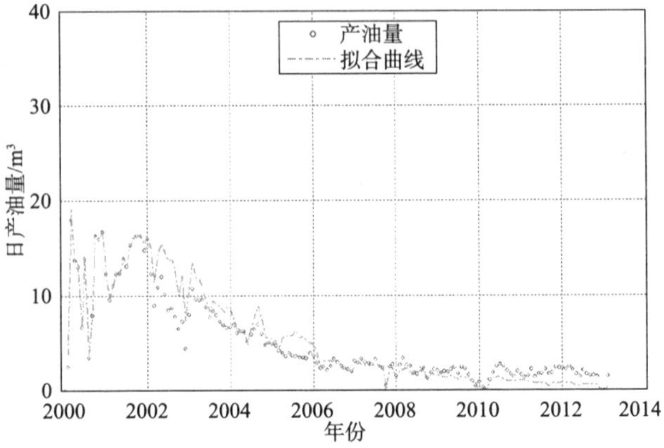

图 3－86　120－4 井日产油量拟合曲线

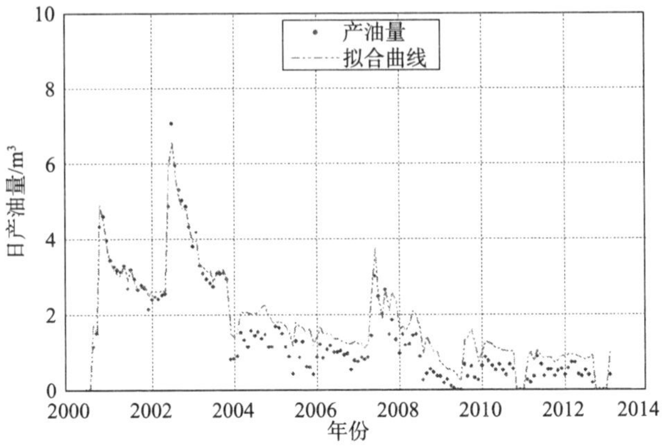

图 3－87　120－5 井日产油量拟合曲线

3.5.4 水驱预测

图 3-88 给出了在现有工作制度不变条件下，水驱预测结果表明，在工作制度不变的条件下，截至 2033 年 5 月 25 日，注水开发全区综合含水上升到 98%。全区累计注水量为 1803770m^3、累计产液量为 3004710m^3、累计产油量为 384219t，水驱采收率为 24.38%。与标定采收率(23.98%)相比，相差 0.4%，相对误差为 16.66%。以上数据均证明数值模拟结果可靠。

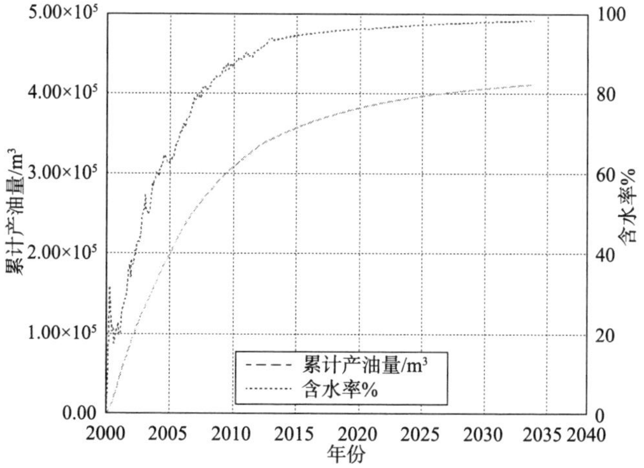

图 3-88 文 120 块油藏水驱效果预测曲线

3.6 泡沫驱注入方案及效果预测数值模拟

3.6.1 数值模拟参数

根据室内实验的条件对起泡剂进行筛选，实验区采用的泡沫驱体系为成都华阳兴华化工公司生产的起泡剂 XHY-4K(室内实验筛选出的)。经过室内筛选、优化得到理想泡沫体系配方为：起泡剂为 XHY-4K；起泡剂有效浓度为 0.1%(1000mg/L)；气体为空气。

残余阻力系数：根据室内岩芯实验结果，数值模拟计算使用起泡剂残余阻力系数为 3.0。

吸附量及最大吸附量：根据室内吸附实验测定的吸附量，折算到计算模型中，最大吸附量为 9.78mol/m^3(即 1m^3 岩石孔隙体积最大吸附量为 9.78mol)。

泡沫驱提高采收率实验区为文120井区，其中，注入井包括文120井、文120－6井、文120－17井和文120－22井共四口井，生产井包括文120－1井、文120－2井、文120－3井、文120－4井、文120－5井、文120－7井、文120－8井、文120－9井、文120－10井、文120－16井、文120－18井、文120－19井、文120－20井、文120－21井、文120－23井及文120－24井共16口井。

3.6.2 泡沫参数的优化设计

注入方式、注入程序及段塞大小的优化设计，不仅可以提高起泡剂的利用率，还可以大幅提高泡沫驱的整体技术的经济效果，也是泡沫驱实施方案优化设计的重点。

根据室内实验筛选出的最优起泡剂为XHY－4K、有效浓度为0.1%（1000mg/L），利用CMG泡沫驱油藏数值模拟软件上进行模拟计算。其中，气体参数为空气参数。

根据室内实验结果，初步确定气液比为1∶1。考虑到文120井区实际情况，在数值模拟中，自2013年9月1日进行泡沫驱数值模拟，4口注入井根据实际配注起泡剂量、注气量、注水量，如表3－14所示。

表3－14 注入量统计

注入量	注入井				
	文120	文120－6	文120－17	文120－22	合计
日注水量/(m^3/d)	40	48	30	49	167
日注起泡剂量/(kg/d)	40	48	30	49	167
日注气量(地面)/(m^3/d)	1820	2184	1365	2230	7599

需要说明的是，在段塞大小的优化设计中，为了准确评价技术经济效果，采用了吨起泡剂增油量参数。此外，考虑到空气的注入成本及是否便于对比分析，将空气注入费用折算为起泡剂的质量，即当量起泡剂用量。因此，下述图表中所有关于起泡剂用量均指起泡剂的有效实际质量；吨起泡剂增油量的起泡剂量指起泡剂当量。起泡剂XHY－4K的价格按照5.55万元/t(有效物)计算。

此外，在计算注气费中，参照中原油田空气泡沫驱的注入费用，以地面0.50元/m^3计算(含设备购置、人员管理、基建及动力等所有费用)。最后，地面空气按照理想气体与油层条件换算，45.5m^3地面空气，为油层条件下1m^3气体。

主段塞大小的优化设计方案如下。

1）深部调驱段塞的优化

表3－15及图3－89给出了文120块油藏空气泡沫调驱数值模拟结果及曲线。结果表明，随着调驱段塞的增加，吨起泡剂增油量先增加后降低。在段塞为0.005PV时，吨发泡剂增油量达到最大值，为827.67t。为此，选取文120块为对象进行泡沫深部调驱，体系配方为0.1%XHY－4K（有效），气体为空气，气液比为1：1，段塞为0.005PV。按照目前日注入量为167m³/d计算，注泡沫时长为209d，注泡沫量为34903m³，增油量为2.04×10^4t。

表3－15　泡沫调驱段塞对增油量的影响

注泡沫时间/月	注泡沫段塞/PV	起泡剂用量/(t/t)(当量/实际)	增油量/10^4t	吨起泡剂增油量/t
3.475	0.0025	12.37/8.70	0.36	290.62
6.950	0.0050	24.74/17.40	2.04	827.67
13.90	0.0100	49.48/34.81	2.82	571.59
20.850	0.0150	74.23/52.22	3.12	420.73

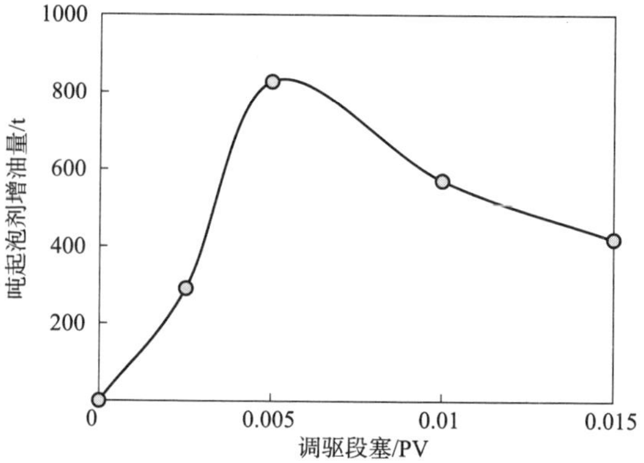

图3－89　调驱段塞大小对文120块油藏空气泡沫调驱效果的影响

2）泡沫驱段塞的优化设计

（1）主段塞的优化设计。

文120块油藏泡沫驱主段塞起泡剂XHY－4K浓度为0.1%（有效）。气液比为1：1，交替周期为30d。泡沫段塞注入结束后，继续进行后续水驱，直至全区综合含水率达到98%。其结果如表3－16所示。

表3-16 主段塞大小对泡沫驱油效果的影响

泡沫段塞/PV	起泡剂用量/(t/t)(当量/实际)	增油量/10^4t	吨起泡剂增油量/t	提高采收率/% OOIP	综合指标
0.05	247/174	5.20	210.54	3.27	6.88
0.10	494/348	7.75	156.62	4.87	7.62
0.15	742/522	10.27	138.34	6.45	8.92
0.20	989/696	12.36	124.92	7.77	9.70
0.25	1237/870	14.24	115.17	8.96	10.31
0.30	1484/1044	15.91	107.21	10.01	10.72
0.35	1732/1218	17.47	100.91	10.99	11.09
0.40	1979/1392	18.94	95.70	11.91	11.39
0.45	2227/1566	20.30	91.15	12.76	11.63
0.50	2474/1740	21.37	86.37	13.43	11.60

事实上，当吨起泡剂增油量最大时，泡沫驱的经济效果最理想，但这仅仅考虑了其经济效果，采收率并不高；而当采收率较高时，往往吨起泡剂增油量又不是最大，经济效果也不是最高。在经济效益适当的前提下，可以最大限度地提高泡沫驱采收率。因此，通常采用综合考虑了其技术及经济两个方面参数——综合指标，即综合指标=吨起泡剂增油量×采收率。

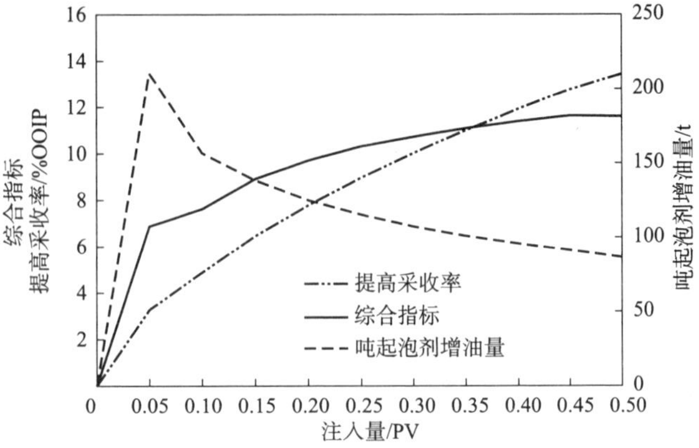

图3-90 主段塞大小对文120块空气泡沫驱油效果的影响

图3-90结果表明：随着泡沫注入量(段塞)的增加，泡沫驱比水驱提高的采收率值增大，吨起泡剂增油量先增加后降低，而综合指标先快速增加后趋于平缓。当泡沫注入量在0~0.05PV范围内时，随着段塞的增大，提高采收率为3.27% OOIP，吨起泡剂增油量为210.54t，综合指标为6.88；继续增大泡沫的注入量，当注入量在0.05~0.30PV范围内增大时，泡沫驱综合指标快速上升，由6.88增至10.72。同时，采收率进一步增至10.01% OOIP，吨起泡剂增油量从210.54t降至

107.21t；当泡沫注入量增至0.5PV时，泡沫综合指标在缓慢上升至11.60；泡沫驱采收率缓慢提高至13.43% OOIP，吨起泡剂增油量降至86.37t。所以，随着泡沫注入量的增大，空气泡沫驱段塞的最佳段塞为0.35PV，此时提高采收率为10.99%，吨起泡剂增油量为100.91t，综合指标为11.09。

(2)前置段塞大小及发泡液浓度的优化设计。

由于岩石对起泡剂的吸附滞留作用、地层水对起泡剂的稀释作用，使得先期注入的起泡剂大量损耗，甚至导致起泡剂浓度急剧下降到最低起泡浓度，从而使泡沫前沿无法起泡，最终导致泡沫驱油效果变差。因此，优化并确定文120块油藏空气泡沫驱的前置段塞，包括前置段塞大小及起泡剂浓度，具有重要的生产实际意义。

在空气泡沫驱主段塞为0.35PV条件下，对起泡剂XHY－4K有效浓度为0.1%、交替周期为30d、气液比为1∶1的泡沫驱进一步开展了浓度>0.1%的高浓度发泡液前置段塞大小及发泡液浓度对文120井区空气泡沫驱油效果影响的数值模拟研究，其数据如表3－17所示。

表3－17　主段塞0.35PV时，前置段塞起泡剂浓度对泡沫驱油效果的影响

前置段塞/PV·%	起泡剂用量/(t/t)(当量/实际)	增油量/10^4t	吨起泡剂增油量/t	提高采收率/% OOIP	综合指标
主段塞0.35	1732/1218	17.47	100.91	10.99	11.09
0.001×0.2	1752/1238	17.63	100.63	11.08	11.15
0.001×0.3	1762/1248	17.53	99.5	11.02	10.97
0.001×0.4	1772/1258	17.59	99.3	11.06	10.98
0.002×0.2	1772/1258	17.53	98.93	11.02	10.9
0.002×0.3	1792/1278	17.58	98.11	11.05	10.84
0.002×0.4	1812/1298	17.54	96.81	11.03	10.68
0.0056×0.2	1812/1298	17.52	96.72	11.02	10.66
0.0056×0.3	1852/1338	17.51	94.53	11.01	10.4
0.0056×0.4	1892/1378	17.48	92.39	10.99	10.15
0.0112×0.2	1892/1378	17.63	93.18	11.08	10.33
0.0112×0.3	1972/1458	17.61	89.29	11.07	9.89
0.0112×0.4	2052/1538	17.53	85.44	11.02	9.42

模拟结果(图3－91～图3－93)表明，当主段塞为0.35PV的条件下，前置段塞起泡剂XHY－4K(有效)浓度分别为0.2%、0.3%及0.4%，段塞分别为

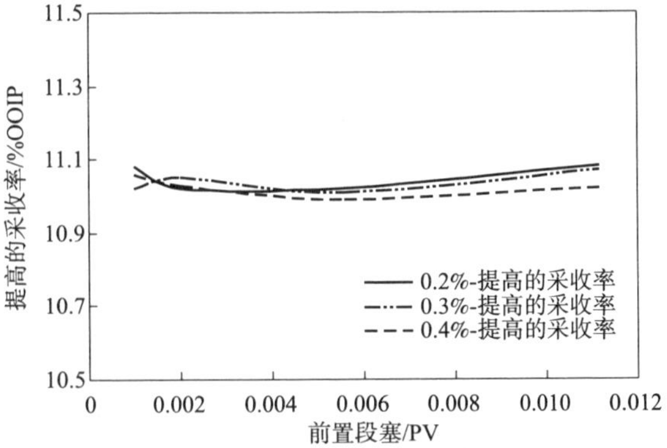

图3-91 主段塞为0.35PV时，前置段塞起泡剂有效浓度及段塞大小对采收率的影响

0.001PV、0.002PV、0.0056PV和0.0112PV时，随着起泡剂浓度和段塞的增大，文120块油藏泡沫驱提高采收率在11%左右，比无前置段塞的采收率提高了0.1%；吨起泡剂增油量在起泡剂浓度较低时，相对较高，并随起泡剂浓度及段塞大小的增大而下降；当前置段塞浓度为0.2%时，对应的综合指标较低外，其他浓度条件下的综合指标均在11左右。显然，从经济效益角度来考虑，高浓度泡沫前置段塞对泡沫驱采收率作用并不理想。

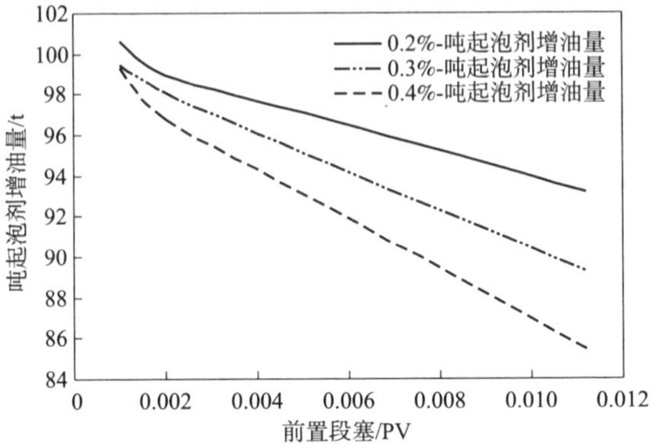

图3-92 主段塞为0.35PV时，前置段塞大小及起泡剂有效浓度对吨起泡剂增油量的影响

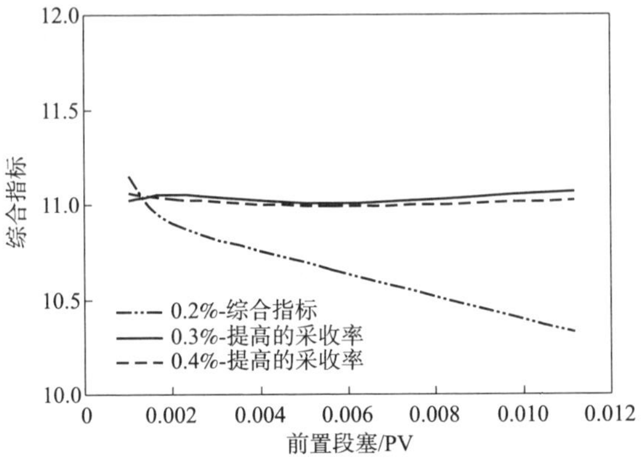

图3-93 主段塞为0.35PV时，前置段塞大小及起泡剂有效浓度对泡沫驱综合指标的影响

所以，最终确定文120块油藏空气泡沫驱前置段塞起泡剂有效浓度为0.2%，段塞大小为0.001PV。

(3)气液比优化。

室内实验结果表明：气液比对泡沫性质、参数等驱油性能均有明显影响，所以气液比对驱油效果也有一定影响。

为此，在前面优化的基础上，进一步开展文120块油藏泡沫驱气液比的优化设计研究。模拟中，主段塞为0.35PV，起泡剂XHY-4K浓度为0.1%，交替周期为30d，气液比分别设计为0.5∶1、0.8∶1、1∶1、1.2∶1、1.7∶1及2∶1。

由表3-18和图3-94可以看出，随着气液比的增大，因注入段塞或泡沫的地下体积不变，所以气体用量增加，起泡液用量减少。因此，起泡剂用量由1645t降至629t；气液总量也呈现下降趋势，从1987t降至1517t。同时随着气液比的增大，提高采收率由0.5∶1.0时的8.90% OOIP上升到1.2∶1.0时的11.62% OOIP，上升幅度为2.72%；进一步增大气液比，提高采收率增加趋势变缓，由1.2/1.0上升到2.0/1.0时，采收率增加了1.53%。

表3-18　气液比对空气泡沫驱油效果的影响

气液比	起泡剂用量/(t/t)(当量/实际)	增油量/10^4t	吨起泡剂增油量/t	提高采收率/% OOIP	综合指标
0.5∶1	1987/1645	14.16	71.27	8.90	6.34
0.8∶1	1830/1374	15.65	85.53	9.84	8.42
1.0∶1	1752/1238	17.63	100.63	11.08	11.15
1.2∶1	1688/1128	18.49	109.55	11.62	12.73
1.7∶1	1569/922	19.94	127.11	12.54	15.94
2.0∶1	1517/629	20.91	137.88	13.15	18.13

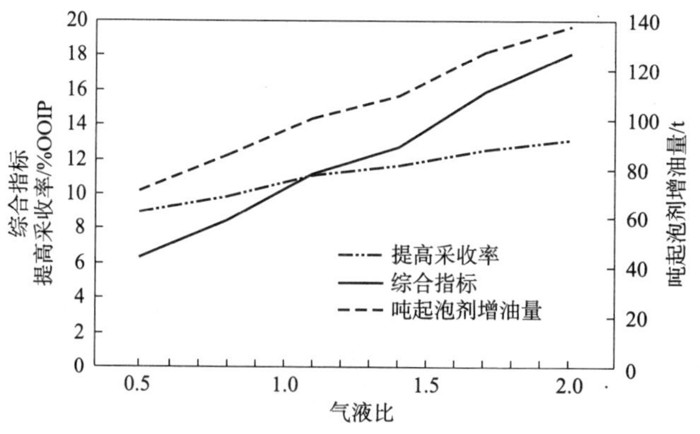

图3-94　气液比对空气泡沫驱效果的影响

吨起泡剂增油量曲线随着气液比的增加而增加，从0.5：1.0的71.27t急剧增至1.7：1.0的127.11t；当气液比进一步增大时，吨起泡剂增油量变缓，到2.0：1.0时，吨起泡剂增油量为137.88t。分析认为，当气液比越低(气越少)，发泡所需的气体量不足，泡沫的体积没有达到理想的最大体积，因而驱油效果不理想。因此，在低气液比条件下，随着气液比增大即气体体积的增高，在相同条件下的泡沫发泡体积增大，因而驱油效果变好；但是，进一步增大气液比，即气体继续增加，由于起泡液体积有限，导致在相同泡沫体积条件下，泡沫的液膜厚度变薄，使得泡沫稳定性变差，所以提高的采收率并没有随着气体量的增加继续快速增加，而是呈平缓趋势。

根据以上数据，确定文120块油藏空气泡沫驱提高采收率的气液比为1.2：1.0。比水驱提高采收率11.62% OOIP，增油量为18.49×10^4t，吨起泡剂增油量为109.55t，综合指标为12.73。

(4)气液交替周期。

对于泡沫驱来说，通常采用气液交替注入。但气液交替周期，将影响泡沫参数，如起泡性能、泡沫半衰期、析液半衰期以及泡沫视黏度等，进而影响驱油效果。为此，开展了气液交替周期影响的研究。

与前述一样，在对前置段塞、段塞组合以及气液比进行优化的基础上，还将对气液交替周期对文120井区空气泡沫深部调驱效果的影响，进行进一步的评价。同样，主段塞为0.35PV、起泡剂XHY-4K的有效浓度为0.1%、气液比为1.2：1.0的条件下，气液交替周期分别为0d、5d、10d、20d、30d、40d和50d。其结果如表3-19和图3-95所示。

表3-19 泡沫驱交替周期对泡沫驱油效果的影响

交替周期/d	起泡剂用量/(t/t)(当量/实际)	增油量/10^4t	吨起泡剂增油量/t	提高采收率/% OOIP	综合指标
0	1688/1128	16.11	95.46	10.13	9.67
5	1689/1128	20.47	121.28	12.87	15.61
10	1690/1128	19.49	115.50	12.26	14.16
20	1691/1128	18.65	110.46	11.72	12.95
30	1692/1128	18.49	109.55	11.62	12.73
40	1693/1128	18.41	109.08	11.57	12.62
50	1694/1128	18.24	108.09	11.47	12.40

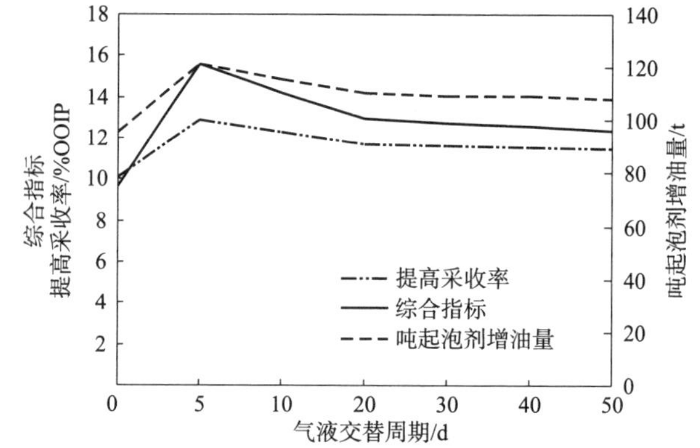

图3-95 气液交替周期对文120井区空气泡沫驱效果的影响

研究结果表明：当气液交替周期从0d增加至10d时，即混合注变为每5d交替注入时，交替注入提高的采收率、吨起泡剂增油量以及综合指标均远远高于混合注入。所以在注入方式上，选择交替注入。同时，随着交替周期的增加，提高的采收率降低、吨起泡剂增油量以及综合指标均降低，但变化幅度较小。在5～20d范围内，随着交替周期的增大，提高的采收率由5d时的12.87% OOIP快速下降至20d时的11.72% OOIP，下降了1.15个百分点，吨起泡剂增油量也由121.98t降至110.46t；在20～50d的范围内，随着交替周期的增大，采收率降低幅度明显变缓，由20d时的12.87% OOIP降至50d时的11.47% OOIP，仅降低了0.25个百分点；吨起泡剂增油量也由110.46t降至108.09t。

综合上述数据，确定文120井区空气泡沫驱的气液交替周期为5d。

(5)注采速度。

注采速度不仅影响驱油效果，同时还影响投资收益速度；此外，有关表面活性剂水溶液驱、聚合物驱、复合驱等化学驱注入速度的基本结论是，在不超过油层破裂压力的条件下，尽量快速注入。为此，对文120井区泡沫深部调驱和泡沫驱的注采速度进行了研究。

在泡沫驱主段塞为0.35PV、起泡剂有效浓度为0.1%、气液比为1.2∶1.0及交替周期为5d的条件下，开展了注采速度分别为目前注入速度0.8倍、1.2倍、1.5倍、2倍、2.5倍和3倍时的模拟计算。

需要说明的是，在提高注入速度的同时，为保持实验区注采平衡，按相同比例，同时提高了试验区内各油井产量(表3-20)。

表3-20 目前注采速度倍数下生产井和注入井产量和注入量

类型	井号	不同注入速度下油井日产油量/(m^3/d)					
		0.8倍	1.2倍	1.5倍	1.8倍	2.5倍	3倍
生产井	W120-2	32.0	25.6	38.4	48.0	64	80.0
	W120-3	31.0	24.8	37.2	46.5	62	77.5
	W120-4	20.0	16.0	24.0	30.0	40	50.0
	W120-5	5.0	4.0	6.0	7.5	10	12.5
	W120-7	14.0	11.2	16.8	21.0	28	35.0
	W120-8	5.0	4.0	6.0	7.5	10	12.5
	W120-9	43.0	34.4	51.6	64.5	86	107.5
	W120-10	17.0	13.6	20.4	25.5	34	42.5
	W120-16	63.0	50.4	75.6	94.5	126	157.5
	W120-18	33.0	26.4	39.6	49.5	66	82.5
	W120-19	28.0	22.4	33.6	42.0	56	70.0
	W120-20	19.5	15.6	23.4	29.25	39	48.75
	W120-23	29.0	23.2	34.8	43.5	58	72.5
注入井	W120	40.0	32.0	48.0	60.0	80	100.0
	W120-6	48.0	38.4	57.6	72.0	96	120.0
	W120-17	30.0	24.0	36.0	45.0	60	75.0
	W120-22	49.0	39.2	58.8	73.5	98	122.5
注入年限/a		50.675	34.5	27.6	20.7	16.56	13.8

表3-21及图3-96给出了在目前注采速度的基础上，将注采速度分别设计到0.8倍、1.2倍、1.5倍、2倍、2.5倍和3倍时，文120井区空气泡沫驱的驱油效果。由表3-21及图3-96中的数据可以看出，随着注入速度的增加，提高的采收率、吨起泡剂增油量以及综合指标均随注入速度的增加而降低。提高的采收率由0.8倍时的14.44% OOIP降至3倍时的7.38% OOIP；吨起泡剂增油量由135.97t降至69.53t；综合指标也从19.63降至5.13。考虑到油田实际和注入年限，确定文120井区空气泡沫驱的注采速度为目前注采速度。此时采收率为12.87% OOIP；吨起泡剂增油量为121.19t；泡沫驱比水驱增采油量为20.47×10^4t。

表3-21 注采速度对文120块泡沫驱油效果的影响

注入速度/倍数	起泡剂用量/(t/t)(当量/实际)	提高采收率/% OOIP	增油量(比水驱)/10^4t	吨起泡剂增油量/t	综合指标
0.8	1689/1128	14.44	22.96	135.97	19.63
1.0	1689/1128	12.87	20.47	121.19	15.61
1.2	1689/1128	11.63	18.51	109.59	12.75

续表

注入速度/倍数	起泡剂用量/(t/t)(当量/实际)	提高采收率/% OOIP	增油量(比水驱)/10^4t	吨起泡剂增油量/t	综合指标
1.5	1689/1128	9.99	15.88	94.07	9.39
2.0	1689/1128	8.74	13.91	82.37	7.20
2.5	1689/1128	7.81	12.421	73.55	5.74
3.0	1689/1128	7.38	11.74	69.53	5.13

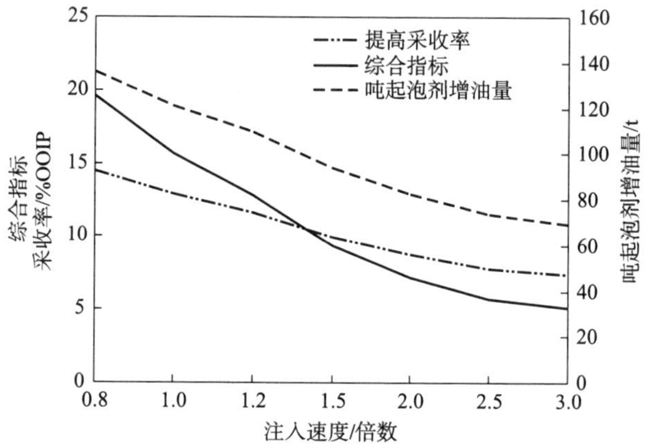

图 3-96　注采速度(目前注入速度/倍数)对泡沫驱油效果的影响

3.6.3　泡沫最佳方案的驱油效果评价

在前面确定出的泡沫驱最佳参数为：泡沫主段塞起泡剂为 XHY-4K、有效浓度为0.10%、主段塞大小为0.35PV；前置段塞为0.2%(有效)×0.001PV；气液比为1.2∶1.0、交替周期为5d、注入速度为目前实际工作制度下的速度。得到文 120 井区空气泡沫驱驱油效果主要参数如表 3-22 所示。

表 3-22　0.35PV 最佳泡沫驱方案驱油效果主要参数

起泡剂用量/(t/t)(当量/实际)	提高采收率/% OOIP	增油量/10^4t	吨起泡剂增油量/t	综合指标
1689/1128	12.87	20.47	121.19	15.61

由表 3-22 可以看出，最优方案比水驱提高采收率 12.87% OOIP，即比水驱增产原油量为 20.47 × 10^4t，吨起泡剂增油量为 121.19t，增油效果较理想。为此，分别给出了最优方案的综合含水率、累计产油量、日产油量、注水注气量和水驱预测到综合含水率为98%时的曲线(图 3-97 ~ 图 3-99)。

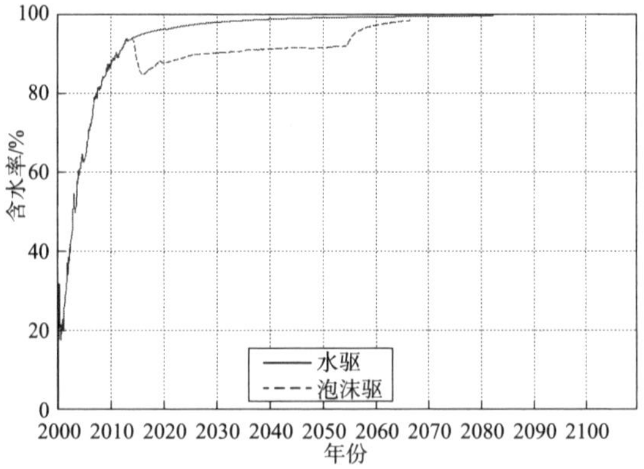

图3－97 文120块泡沫驱方案与水驱预测含水率变化曲线

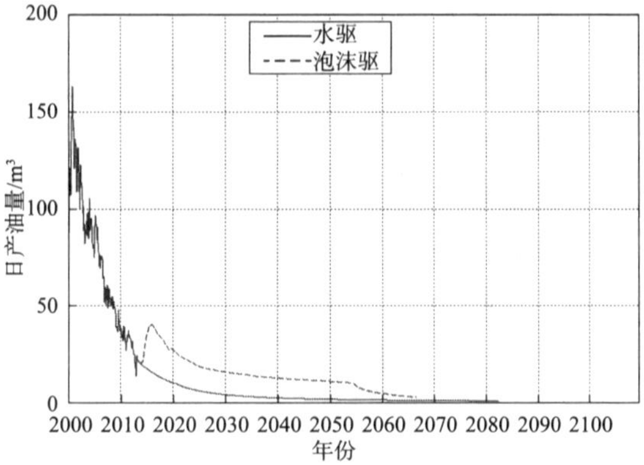

图3－98 文120块泡沫驱方案与水驱预测日产油量变化曲线

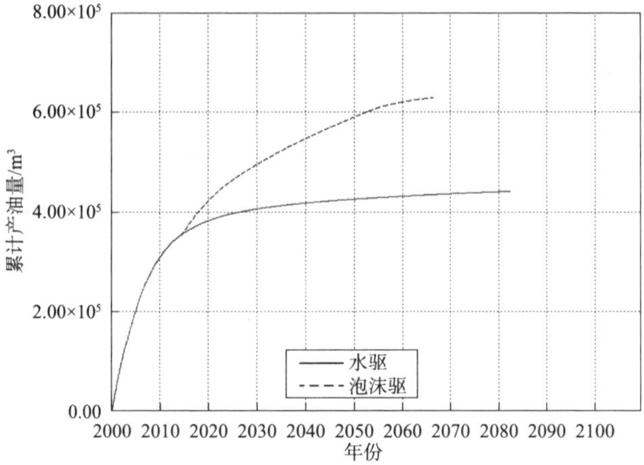

图3－99 文120块泡沫驱方案与水驱预测累产油量变化曲线

由图3－97可以看出，实施方案自2013年9月1日开始进行泡沫驱，于2014年3月2日，即注泡沫210d后，实验区综合含水率开始下降，到2016年1

月3日，下降到最低综合含水率，为84.62%，下降11%。下降之后，综合含水率开始缓慢上升，自2016年1月到2054年3月，共计458个月(38年2个月)，实验区综合含水率基本保持在91%左右。到2054年3月注泡沫结束后，全区综合含水率开始快速上升，后与水驱预测曲线重合。在整个注泡沫时间段内，综合含水下降幅度在7%～11%，见效时间为38年2个月。

3.6.4 最佳泡沫驱方案的经济效果

根据上节所选空气泡沫驱最佳方案，对其进行了经济效益初步评价。

表3－23给出了有效期内年增油量、起泡剂用量。方案中，考虑油田实际，拟定于2013年9月1日起开始实施空气泡沫驱，累计产油量58.89×10^4t。

表3－23 文120井区空气泡沫驱效益表

收益	时间					
	2014.9	2015.9	2016.9	2017.9	2018.9	2019.9
	第1年	第2年	第3年	第4年	第5年	第6年
增油量/10^4t	0.76	1.23	1.36	1.24	1.10	0.97
收入/万元	3838.02	6177.09	6835.45	6225.36	5525.35	4877.40
起泡剂实际用量/t	60.72	40.70	40.70	40.70	40.70	40.70
花费/万元	336.996	225.885	225.885	225.885	225.885	225.885
利润/万元	3501.02	5951.20	6609.57	5999.48	5299.46	4651.51
收益	时间					
	2020.9	2021.9	2022.9	2023.9	2024.9	2025.9
	第7年	第8年	第9年	第10年	第11年	第12年
增油量/10^4t	0.91	0.87	0.78	0.73	0.69	0.65
收入/万元	4583.00	4402.20	3949.25	3656.27	3468.37	3277.63
起泡剂实际用量/t	40.70	40.70	40.70	40.70	40.70	40.70
花费/万元	225.885	225.885	225.885	225.885	225.885	225.885
利润/万元	4357.12	4176.312	3723.362	3430.39	3242.48	3051.74
收益	时间					
	2026.9	2027.9	2028.9	2029.9	2030.9	2031.9
	第13年	第14年	第15年	第16年	第17年	第18年
增油量/10^4t	0.60	0.58	0.60	0.55	0.54	0.52
收入/万元	3036.24	2937.80	2997.91	2778.77	2743.27	2612.64
起泡剂实际用量/t	40.70	40.70	40.70	40.70	40.70	40.70
花费/万元	225.885	225.885	225.885	225.885	225.885	225.885
利润/万元	2810.36	2711.91	2772.02	2552.88	2517.38	2386.75

续表

收益	时间					
	2032.9	2033.9	2034.9	2035.9	2036.9	2037.9
	第19年	第20年	第21年	第22年	第23年	第24年
增油量/10^4t	0.54	0.50	0.49	0.48	0.47	0.45
收入/万元	2708.24	2508.98	2450.29	2402.96	2380.24	2263.34
起泡剂实际用量/t	40.70	40.70	40.70	40.70	40.70	40.70
花费/万元	225.885	225.885	225.885	225.885	225.885	225.885
利润/万元	2482.36	2283.1	2224.41	2177.08	2154.36	2037.45

收益	时间					
	2038.9	2039.9	2040.9	2041.9	2042.9	2043.9
	第25年	第26年	第27年	第28年	第29年	第30年
增油量/10^4t	0.46	0.44	0.44	0.43	0.42	0.41
收入/万元	2329.60	2194.24	2222.16	2149.27	2115.19	2050.83
起泡剂实际用量/t	40.70	40.70	40.70	40.70	40.70	40.70
花费/万元	225.885	225.885	225.885	225.885	225.885	225.885
利润/万元	2103.72	1968.35	1996.28	1923.39	1889.31	1824.94

收益	时间					
	2044.9	2045.9	2046.9	2047.9	2048.9	2049.9
	第31年	第32年	第33年	第34年	第35年	第36年
增油量/10^4t	0.40	0.41	0.39	0.40	0.39	0.39
收入/万元	2020.53	2088.69	1976.99	1997.34	1942.44	1981.72
起泡剂实际用量/t	40.70	40.70	40.70	40.70	40.70	40.70
花费/万元	225.885	225.885	225.885	225.885	225.885	225.885
利润/万元	1794.65	1862.80	1751.10	1771.46	1716.55	1755.84

收益	时间					合计
	2050.9	2051.9	2052.9	2053.9	2054.9	
	第37年	第38年	第39年	第40年	第41年	
增油量/10^4t	0.37	0.36	0.37	0.36	0.34	24.39
收入/万元	1869.08	1828.85	1881.38	1792.87	1702.95	122780.2
起泡剂实际用量/t	40.70	40.70	40.70	40.70	40.70	1689
花费/万元	225.885	225.885	225.885	225.885	225.885	9372.396
利润/万元	1643.19	1602.96	1655.50	1566.99	1477.06	113407.81

根据油田原油销售价格为5033.54元/t(华北油田单位提供)；所用起泡剂为成都华阳兴华化工有限公司生产的XHY－4K，每吨(有效物)为5.55万元。因此，在不考虑现金流、利息以及注入站建设、人员工资、水电气费用等条件下，初步计算和评价了文120井区泡沫驱的投入产出比、总利润以及注泡沫以后每年的年利润。

由图3－100可以看出，自2013年9月泡沫驱开始，年利润在其前期增长较快；第三年增加至最大值6609.57万元；之后，随着时间的增加而急剧降低；项目实施后，自第20年开始，年利润稳定在2200万元左右。总的来说，前17年的年利润较高，均在2500万元以上。

项目效益较理想：项目投入产出比为13.1；利润率为92.37%。

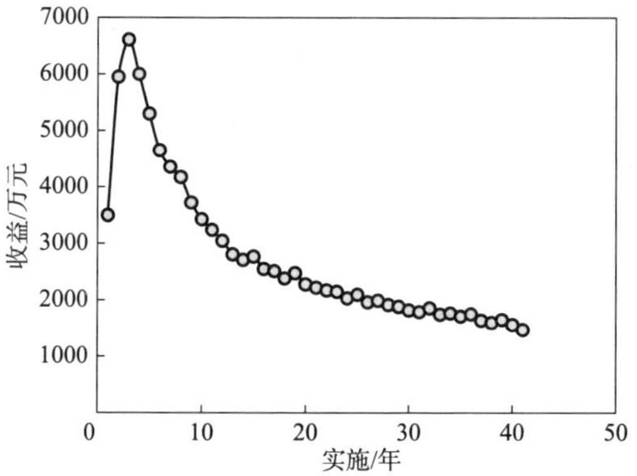

图3－100　文120井区空气泡沫驱年利润变化曲线

3.6.5　矿场实施方案

从前文分析可知，空气泡沫驱的最佳方案为：有效浓度为0.10%的起泡剂XHY－4K、段塞为0.35PV；前置段塞0.2%(有效)×0.001PV；气液比为1.2∶1.0、交替周期为5d、注泡沫时间为40.6a。此时提高采收率为12.87% OOIP，即比水驱增油量为20.47×10^4t，吨起泡剂增油量为121.19t。虽然提高的采收率高，但是注泡沫时间太长，生产年限久，一般现场很难实施。所以在此基础上提高空气泡沫注入速度，以期在较短的时间得到较高的经济效益。

将注泡沫速度提高到目前注入速度的4倍，此时注泡沫年限10.15a，注泡沫结束后注水速度恢复到目前注入速度进行后续水驱，模拟结果为：到2039年3月综合含水率上升到98%，此时累计产油量为520128t，比水驱增油量为13.59×10^4t，提高采收率为8.54% OOIP，吨起泡剂增油量为80.47t，综合指标为6.87，经济效益如表3－24所示。

表3-24 文120井区空气泡沫驱矿场实施方案效益表

收益	时间					
	2014.9	2015.9	2016.9	2017.9	2018.9	2019.9
	第1年	第2年	第3年	第4年	第5年	第6年
增油量/10^4t	1.95	2.57	2.14	1.69	1.51	1.27
收入/万元	7538.7	9935.62	8273.24	6533.54	5837.66	4909.82
起泡剂实际用量/t	172	151.7	151.7	151.7	151.7	151.7
花费/万元	928.8	819.18	819.18	819.18	819.18	819.18
利润/万元	6609.9	9116.44	7454.06	5714.36	5018.48	4090.64

收益	时间					合计
	2020.9	2021.9	2022.9	2023.9	2024.9	
	第7年	第8年	第9年	第10年	第11年	
增油量/10^4t	1.15	1.02	1.07	0.92	0.54	15.83
收入/万元	4445.9	3943.32	4136.62	3556.72	2087.64	61198.78
起泡剂实际用量/t	151.7	151.7	151.7	151.7	151.7	1689
花费/万元	819.18	819.18	819.18	819.18	819.18	9120.6
利润/万元	3626.72	3124.14	3317.44	2737.54	1268.46	52078.18

由图3-101可以看出，自2013年9月泡沫驱开始，年利润在其前期增长较快；第二年增加至最大值，为9116.44万元；之后，随着时间的增加而急剧降低。总的来说，注泡沫阶段年利润都较高，均在3000万元以上。

项目效益较理想：项目投入产出比为6.71，利润率为85.10%。

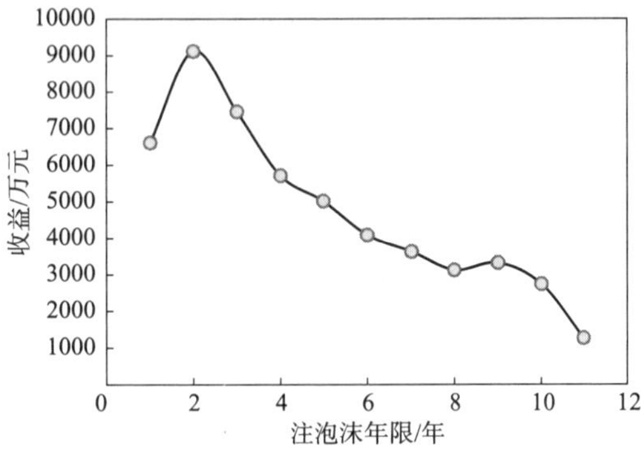

图3-101 文120井区空气泡沫驱矿场实施方案年利润变化曲线

3.7 配注工艺技术

为使文120井区先导性矿场试验顺利进行且对注入的起泡剂、气体准确控制及计量，对矿场试验配注工艺及技术进行了研究。

在前面完成的室内实验及评价的基础上，特别是在对溶解性实验和起泡剂与污水的配伍性实验的认识上，根据油水井配产配注的要求及文120井区现有的水源水质，并结合现有的起泡剂配注工艺，确定文120井区泡沫驱先导性矿场试验区的配注工艺采用单井静脉注射、起泡液与空气交替注入的工艺。泡沫驱方案：XHY－4K、有效浓度为0.10%、主段塞大小为0.35PV；前置段塞为0.2%(有效)×0.001PV；气液比为1.2∶1.0、交替周期为5d、注泡沫速度提高到目前注入速度的4倍。地面天然气体积根据地层温度、压力等参数，用理想气体方程折算。气液交替周期为5d，先注入起泡液5d，然后开始交替注入空气5d，后交替注入。

3.7.1 静脉注射配注工艺

采用文120井区现有水源，将流动状态的起泡剂XHY－4K原始产品，通过计量泵，根据来水流量及来水压力，与注入水稀释后，达到方案规定的起泡剂有效浓度0.10%。其中，注入水可以是实际注入(清)水、产出水或其混合水。

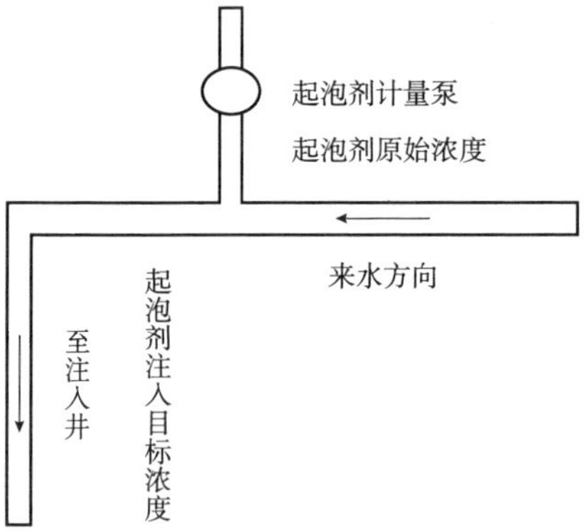

图3－102 泡沫驱起泡剂静脉注入工艺

静脉注射配注工艺(图3－102)的优点是工艺简单、易于操作和管理。缺点是起泡液浓度与来水压力、起泡剂泵排量及精度有关，特别是来水压力，对浓度影响较大。对于准确控制目标浓度为0.10%，具有一定难度。实际浓度具有一定波动性。但只要来水压力波动不大，即可以满足实际需要。

值得注意的是，既可以4口井总静脉注入，单井按照配注量分液；也可以4口井单井分别采取静脉注射工艺。建议文120井区空气泡沫驱起泡剂配注工艺采取静脉注射、单井分液方式注入。其注入量如表3－25所示。

表3－25 文120块油藏空气泡沫驱水井注入速度及注入量

井号	起泡液注入量(实际用量)				空气注入量		
	日注量/(m^3/d)	发泡剂每天用量/kg	发泡液总注入量/10^4m^3	发泡剂总用量/t	日注量(地下)/(m^3/d)	日注量(地面)/(m^3/d)	总注量(地面)/10^4m^3
文120井	160	160	26.53	265.3	192	8736	1738.63
文120－6井	192	192	31.84	318.4	230.4	10483.2	2086.36

续表

井号	起泡液注入量(实际用量)				空气注入量		
	日注量/(m^3/d)	发泡剂每天用量/kg	发泡液总注入量/$10^4 m^3$	发泡剂总用量/t	日注量(地下)/(m^3/d)	日注量(地面)/(m^3/d)	总注量(地面)/$10^4 m^3$
文120－17井	120	120	19.90	199.0	144	6552	1303.97
文120－22井	196	196	32.50	325.0	235.2	10701.6	2129.83
平均	167	167	27.69	1107.7	200.4	9118.2	1814.70

3.7.2 空气注入工艺

根据文120井区原油氧化爆炸研究结果，原油氧化后，气体组分中的氧含量在5%～6%之间，低于爆炸极限值(10.89%)。也就是说，文120井区空气泡沫驱注入的空气，由于原油氧化，消耗了空气中大量的氧气，使得气体组分中氧含量低于10.89%，不会发生爆炸。可见，文120块空气泡沫驱的空气，无须进行除氧处理。其空气注入工艺主要装置如图3－103、图3－104所示。

图3－103 W－10/350－D型撬装式空压机外观图

图3－104 W－10/350－D型撬装式空压机

3.7.3 气液交替注入工艺技术

气液交替注入方法，同样也避免了油管中空气与起泡液混合时产生的严重污染。但该方法的发泡作用，主要是利用气液在油层岩石孔隙介质中渗流作用而产生泡沫。显然，交替注入就是注入一段时间的起泡液，再注入一段时间的空气，均需通过油管注入。由于气体和液体分开注入且相隔一定时间，因此，对油管和套管的腐蚀不大。交替周期和频率根据室内实验和数值模拟结果确定，文120井区空气泡沫驱交替泡沫驱交替周期为5d。

3.8 文120块空气泡沫驱提高采收率技术研究小结

(1)建模实验区面积为1.4km^2，纵向上目的层划分为14个有效模拟层，加上14个隔(夹)层，共计28个模拟层。网格横向步长为30m，目的层三维网格数为196868个。原油地质储量为150.51×10^4t，与容积法计算储量(151.39×10^4t)相比，相对误差为0.58%。

(2)全区实际累计产油量为338524m^3，数值模拟累计产油量为343216m^3，相对误差为1.38%。全区共有生产井16口，其中拟合较好的井共10口，拟合一般的井4口，拟合较差的井2口；拟合较好和一般的生产井共14口，占全部模拟井的87.5%，达到了数值模拟水驱拟合基本符合实际情况井数2/3的要求。

(3)当全区综合含水率上升到98%时，累计产油量为384219t，水驱采收率为24.38%，与标定采收率(23.98%)相比，相对误差为16.66%。

(4)空气泡沫驱最佳方案：有效浓度为0.10%的起泡剂XHY－4K、段塞为0.35PV；前置段塞为0.2%(有效)×0.001PV；气液比为1.2∶1.0、交替周期为5d、注入速度为目前实际工作制度下的速度。最优方案提高采收率为12.87% OOIP，即比水驱增油量为20.47×10^4t，吨起泡剂增油量为121.19t。

(5)空气泡沫驱矿场实施方案：有效浓度为0.10%的起泡剂XHY－4K、段塞为0.35PV；前置段塞为0.2%(有效)×0.001PV；气液比为1.2∶1.0、交替周期为5d、注入速度为目前实际注入速度的4倍。矿场实施方案比水驱增油量为13.59×10^4t，提高采收率为8.54% OOIP，吨起泡剂增油量为80.47t。

(6)空气泡沫驱年利润先增加后降低。最佳方案自2013年9月泡沫驱开始，年利润在其前期增长较快；第三年增加至最大值；之后，随着时间的增加而急剧降低；项目实施后，自第20年开始，年利润稳定在2200万元左右。总的来说，前17年的年利润较高，均在2500万元以上。项目效益较理想：项目投入产出比为13.1，利润率为92.37%。矿场实施方案自2013年9月泡沫驱开始，年利润在其前期增长较快；第二年增加至最大值，为9116.44万元；之后，随着时间的增加而急剧降低。注泡沫阶段年利润都较高，均在3000万元以上。项目效益较理想：项目投入产出比为6.71，利润率为85.10%。

4 河间油田东营组油藏泡沫改善水驱提高采收率技术

4.1 泡沫体系筛选与评价

在河间油田东营组油层温度、地层水、原油、油层岩芯等实际条件下，通过室内筛选与评价，得到最佳起泡剂及浓度与体系配方。

4.1.1 水样和原油

表4-1给出了河间油田东营组油藏地层水的组成，总矿化度为5682.6mg/L。其中，Ca^{2+}、Mg^{2+}总含量为66.75mg/L，属于$NaHCO_3$水型，实验中使用的地层水，是根据表4-1离子组成配制的模拟地层水。实验使用的原油为河间油田东营组断块联合站原油，在油藏温度(90℃)条件下测定原油的密度为0.865g/cm^3，黏度为6.3mPa·s。填砂管驱替实验中使用不同粒径大小的石英砂模拟天然岩芯。

表4-1 河间油田东营组地层水离子组成

离子	Na^+、K^+	Ca^{2+}	Mg^{2+}	Cl^-	CO_3^{2-}	HCO_3^-	总矿化度	水型
浓度/(mg/L)	2155.7	60.9	5.8	2397.7	277.4	785	5682.6	$NaHCO_3$

4.1.2 高温常压下泡沫体系筛选

在压力为0.1MPa、温度为90℃的条件下，在实验室中运用Waring Blneder法分别对6种起泡剂在不同浓度下测定泡沫体积、泡沫半衰期、泡沫综合指数等性能参数，并且在起泡气体分别为空气、N_2时进行实验。

4.1.2.1 气体的确定

对初筛选定的强品化工起泡剂的泡沫体积、泡沫半衰期和泡沫综合指数这3

项参数在空气和 N_2 条件下做了对比曲线图。

1)泡沫体积

由图4－1可以得知，强品化工在空气和 N_2 条件下的泡沫体积均随浓度的增加而增大。在起泡剂浓度低于0.08%范围内，泡沫体积在这两种气体下差不多，而起泡剂浓度高于0.08%时，在 N_2 条件下泡沫体积比空气条件下略大。起泡剂的有效浓度为0.1%时，强品化工的泡沫体积在 N_2 条件下为780mL，在空气条件下为645mL。

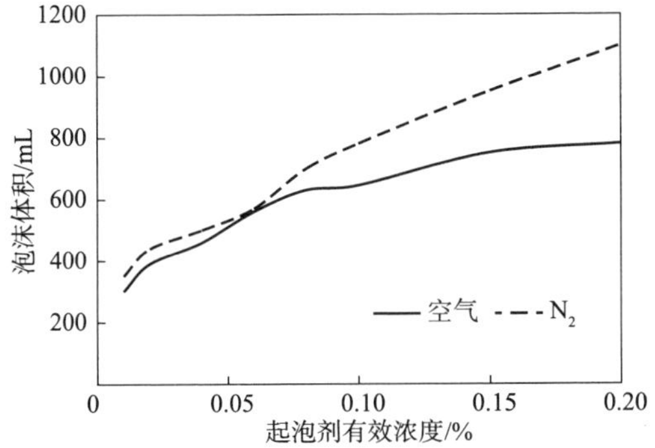

图4－1　强品化工起泡剂S浓度对空气和 N_2 条件下泡沫体积的影响

2)泡沫半衰期

强品化工起泡剂S在空气和 N_2 条件下的泡沫半衰期曲线，为开口向下的抛物线，先上升到某一最大值，之后又呈现出下降的趋势。由图4－2可以看出，在空气条件下的泡沫半衰期比 N_2 条件下略长。起泡剂有效浓度为0.1%时，强品化工起泡剂S的泡沫半衰期在空气条件下为627s，在 N_2 条件下为494s。说明空气泡沫的稳定性优于 N_2。

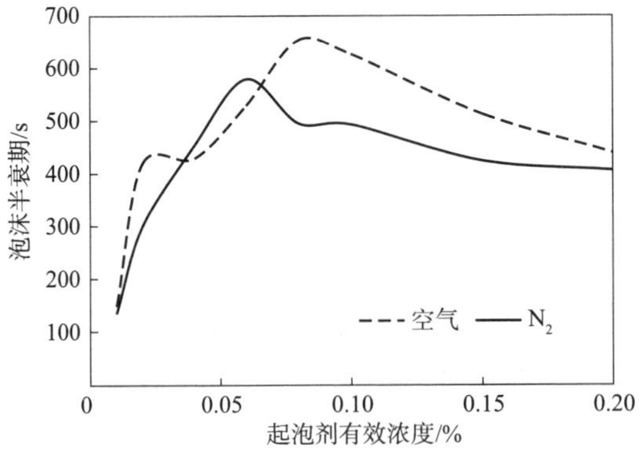

图4－2　强品化工起泡剂S浓度对空气和 N_2 条件下泡沫半衰期的影响

3)泡沫综合指数

由图4-3可以看出，在空气条件下起泡剂浓度为0.08%时，泡沫综合指数最高，之后随着浓度增加呈略微下降的趋势；在N_2条件下随着起泡剂浓度的增加，综合指数也逐渐升高。在空气条件下泡沫综合指数的整体趋势和N_2条件下相差不大。起泡剂有效浓度为0.1%时，强品化工起泡剂S的泡沫综合指数在空气条件下为405000mL·s，在N_2条件下为385320mL·s。

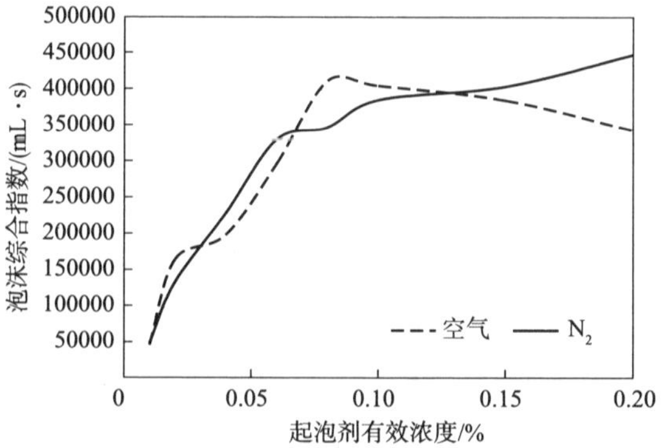

图4-3 强品化工起泡剂S在空气和N_2条件下的泡沫综合指数

综上认为，强品化工表面活性剂S在N_2条件下的泡沫综合性能要比在空气条件下略好。但是由于N_2价格比空气的高，若在油田大规模投入生产会增加成本。鉴于空气条件下泡沫的性能相对较高。因此，选取空气作为起泡气体。

4.1.2.2 空气泡沫起泡剂筛选补充实验

1)泡沫体积

如图4-4所示，4种起泡剂的泡沫体积均随有效浓度的升高而升高，最后趋于平缓。

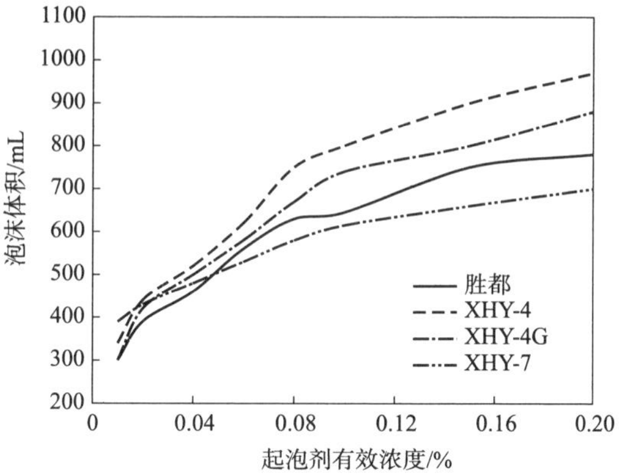

图4-4 起泡剂有效浓度对起泡体积的影响

其中，成都XHY-4起泡剂和成都XHY-4G起泡剂的泡沫体积大于胜都起泡剂的起泡体积，成都XHY-7起泡剂的泡沫体积最低。当成都XHY-4起泡剂的有效浓度小于0.08%时，泡沫体积随着浓度的升高迅速升高，当有效浓度大于0.08%时，泡沫体积随着浓度的升高增加缓慢。仅从起泡能力方面考虑，成都 XHY－4 起泡剂和成都 XHY－4G 起泡剂的起泡能力优于强品化工起泡剂；并且在低浓度为 0.01%的条件下，这两种起泡剂的起泡体积均大于 300mL，满足最低起泡条件，具有较好的起泡能力，满足泡沫驱的基本要求。

2）泡沫半衰期

由图 4－5 可以看出，起泡剂的泡沫半衰期随着有效浓度的升高先升高，达到最大值后再降低。强品化工起泡剂 S 的有效浓度为 0.08%时，泡沫半衰期达到最大值。当起泡剂的有效浓度再升高时，泡沫半衰期随之降低。

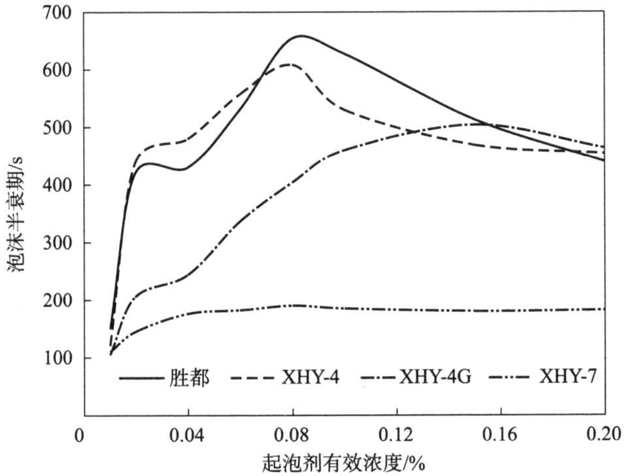

图 4－5　起泡剂有效浓度对泡沫半衰期的影响

值得注意的是，筛选的这 4 种起泡剂，在河间油田东营组油藏条件下，当浓度为 0.01%～0.08%（有效浓度）时，随着起泡剂浓度的增大，强品化工起泡剂 S 和成都 XHY－4 起泡剂泡沫体系的半衰期明显增高。即使在浓度为 0.01%（有效浓度）时，起泡剂强品化工、成都 XHY－4 的发泡率也在 200%以上。当浓度≥0.08%（有效浓度）时，随着起泡剂浓度的增高，泡沫体系的半衰期不再增大，甚至开始降低。

3）泡沫综合指数

由图 4－6 可以看出，泡沫综合指数曲线的变化趋势，与泡沫消泡半衰期曲线的趋势基本相同。当浓度为 0.01%～0.08%（有效浓度）时，随着起泡剂浓度的增大，泡沫综合指数急剧增大。当起泡剂浓度≥0.08%（有效浓度）时，随着起泡剂浓度的增高，泡沫综合指数的增加幅度开始变缓，甚至降低。

此外，当起泡剂浓度为 0.01%～0.20%时，强品化工起泡剂 S 的泡沫综合指数均低于成都 XHY－4 起泡剂，这说明成都 XHY－4 起泡剂在普遍情况下泡沫综合性能均优于强品化工起泡剂 S，成都 XHY－7 起泡剂的泡沫综合指数随着浓度的增加，变化幅度较小。当起泡剂的有效浓度为 0.08% 时，XHY－4 起泡剂的泡沫综合指数为 456000mL · s，强品化工起泡剂的泡沫综合指数为 412020mL · s。

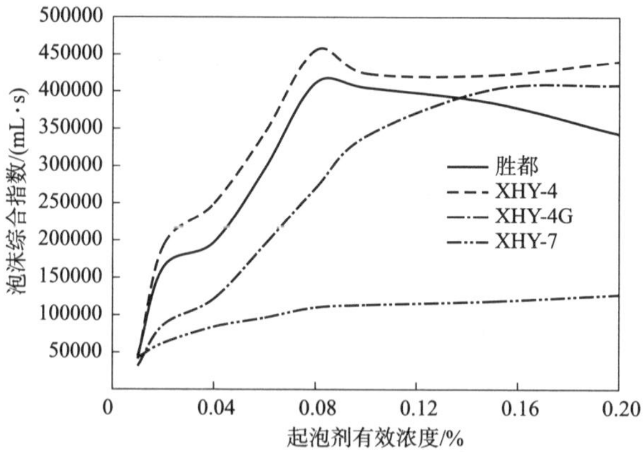

图 4－6 起泡剂有效浓度对泡沫综合指数的影响

综上所述，比较以上几种起泡剂的泡沫性能参数，尤其是从起泡的难易性和泡沫的稳定性角度考虑，认为主要参数为泡沫体积、泡沫半衰期以及最后的泡沫综合指数等，确定的空气条件下，优选成都 XHY－4 的表面活性剂为起泡剂，起泡剂的有效浓度为 0.1%。

4.1.3 腐蚀速率的测定

4.1.3.1 常压静态腐蚀速率的测定方法

(1)按要求配制出泡沫体系筛选出的最佳起泡剂及其浓度的溶液，放入容器待用。

(2)将实验用试片先用滤纸擦净，然后放入盛有沸程为 60～90℃ 石油醚的容器中，用脱脂棉除去试片表面油脂后，再放入无水乙醇中浸泡约 5min，进一步脱脂和脱水。取出试片放在滤纸上，用冷风吹干后再用滤纸将试片包好，放入干燥器中，1h 后用游标卡尺测量其尺寸并称量，精确至 0.1mg。

(3)将处理好的试片挂入步骤(1)容器中，保持试片不与容器壁接触，试片上端距液面应在 3cm 以上。然后将容器放入恒温箱中，在 90℃ 下恒温 30d。每 12h 打开一次瓶盖换氧气，开启 10min。其中一组空白实验不换氧气，以作对比。

(4)30d 后，取出实验挂片，立即用清水冲洗掉实验介质，并用滤纸擦干。

将试片放入盛有沸程为60～90℃石油醚的容器中，用脱脂棉除去试片表面油脂后，再放入无水乙醇中浸泡约5min，进一步脱脂和脱水。再将试片放入酸清洗液中浸泡5min，同时用镊子夹少量脱脂棉轻拭表面的腐蚀产物。从清洗液中取出试片，用自来水冲去表面残酸后，立即将试片浸入氢氧化钠(60g/L)中，30s后再用自来水冲洗，然后把试片放入无水乙醇中浸泡约5min，清洗脱水两次。取出试片放在滤纸上，用冷风吹干后再用滤纸将试片包好，放入干燥器中，1h后用游标卡尺测量其尺寸并称量，精确至0.1mg。其实验结果按式(4-1)、式(4-2)计算。

4.1.3.2 腐蚀率、缓蚀率及实验结果

采用挂片法测定腐蚀率和防垢缓蚀效果。腐蚀率计算公式为：

$$\text{平均腐蚀率}\ r_{corr}=\frac{8.76\times10^4\times(m-m_1)}{S_1\times t\times\rho} \tag{4-1}$$

式中，r_{corr}为平均腐蚀速率，mm/a；m为实验前的挂片质量，g；m_1为实验后的挂片质量，g；S_1为试片的总面积，cm^2；ρ为试片材料的密度，g/cm^3；t为实验时间，h。

$$\eta=\frac{\Delta m_o-\Delta m_1}{\Delta m_o}\times100\% \tag{4-2}$$

式中，η为缓蚀率，%；Δm_o为空白实验(无缓蚀剂)中试片的质量损失，g；Δm_1为空白实验(有缓蚀剂)中试片的质量损失，g。

由表4-2可以看出，所选发泡剂本身具有一定的缓蚀效果，当同时加入缓蚀剂时效果更佳，缓蚀剂最佳使用浓度为0.01%左右。

表4-2 河间油田东营组泡沫体系及外加缓蚀剂条件下的腐蚀速率实验结果

溶液体系	编号	平均腐蚀率/(mm/a)	缓蚀率/%
注入水	1551	6.33	0
注入水+XHY-4 0.08%	1552	6.19	2.15
注入水+ XHY-4 0.08% +缓蚀剂0.005%	1554	6.46	-2.05
注入水+ XHY-4 0.08% +缓蚀剂0.01%	1555	5.23	17.39
注入水+ XHY-4 0.08% +缓蚀剂0.02%	1556	5.82	8.01
注入水+ XHY-4 0.08% +缓蚀剂0.04%	1557	5.70	9.87
注入水+缓蚀剂0.005%	1558	5.98	5.57
注入水+缓蚀剂0.01%	1559	5.79	8.50
注入水+缓蚀剂0.02%	1560	5.70	9.87
注入水+缓蚀剂0.04%	1291	5.89	7.03

4.1.4 高温高压条件下，XHY－4空气泡沫评价

起泡剂有效浓度分别为0.02%、0.06%及0.10%的条件下，发泡液分别采用油田产出水和注入水配制。压力分别为5MPa、10MPa及15MPa。实验所用的高压泡沫评价装置所能承受的最大压力为25MPa，考虑到其他实验器材如高压管线所能承受的最大压力，为防止出现故障，故没有达到河间油田东营组油藏的实际地层压力；另外，实验结果表明当压力大于10MPa之后，泡沫的起泡性能和稳定性基本没有明显的变化，因此，压力为15MPa时的结果基本可以表征油藏实际条件。

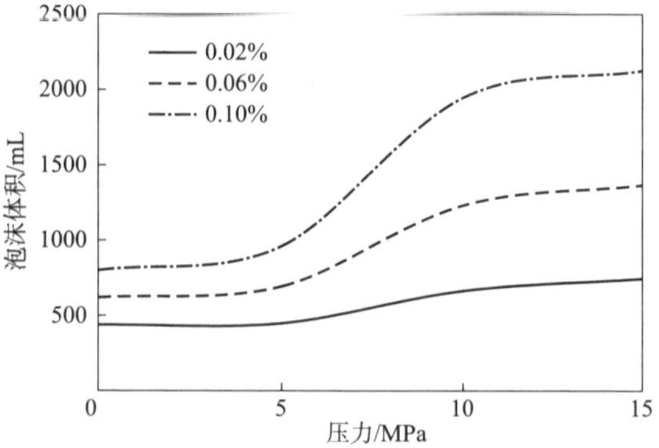

图4－7 压力、起泡剂浓度对泡沫体积的影响

由图4－7可知，对于0.10%的XHY－4泡沫体系来说，当压力在0.1～5MPa的范围内增高时，其起泡体积的增加幅度不大。起泡液（200mL）的起泡体积由800mL上升至960mL；当压力在5～10MPa的范围内增高时，其起泡体积急剧增加，起泡液的起泡体积由960mL上升至1945mL；当压力在10～15MPa的范围内增高时，泡沫起泡体积的增加幅度变缓，几乎为一常数，起泡液的起泡体积由1945mL略升至2125mL。对于0.02%和0.06%的泡沫体系来说，起泡体积随压力的变化趋势与浓度为0.10%时基本相同。所不同的是，相同压力条件下，前者的起泡体积小于后者的起泡体积，且压力越高，泡沫体积的差异也越大。

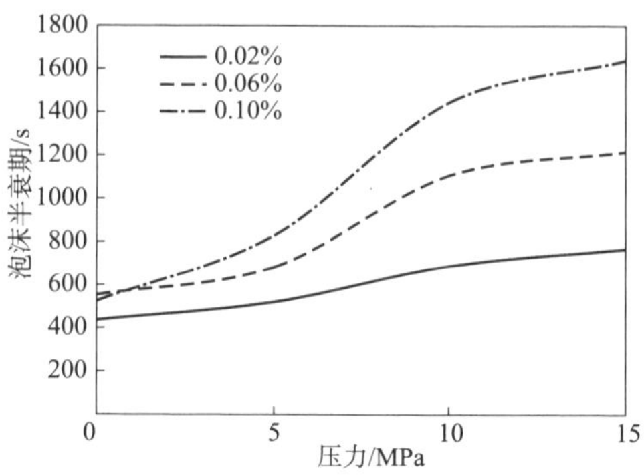

图4－8 压力及起泡剂浓度对泡沫半衰期的影响

综上所述，对于河间油田东营组油藏来说，当压力大于10MPa时，压力对起泡体积的影响就变得非常小。

由图4－8可知，对于起泡液来说，随着压力的增加，泡沫的半衰期的总体趋势与泡沫体积随压力变化规律类似。当压力在5～10MPa范围内增大时，泡沫半衰期迅速增加；当压力大于10MPa时，泡沫半衰期随压力

增加而缓慢增加，例如，0.10%的 XHY－4 泡沫体系，当压力为 5MPa 时，泡沫半衰期为 829s；当压力为 10MPa 时，泡沫半衰期迅速增长到 1445s；而当压力增高到 15MPa 时，泡沫半衰期缓慢增加到 1639s。

综上可知，高压条件下，表征泡沫起泡性能的起泡体积和稳定性能的泡沫半衰期，随压力的上升而增高。这说明在实际应用时，由于地层压力较高，有利于泡沫的稳定。

由此可见，起泡剂有效浓度为 0.10%、压力为 15MPa 时，200mL 泡沫体系的起泡体积和泡沫半衰期分别为 2125mL 和 1639s，其泡沫综合指数为 58048mL · min，因而具有理想的泡沫性能。

4.1.5 泡沫剂筛选小结

(1)最终优选泡沫体系为：起泡气体为空气，起泡剂为 XHY－4，根据室内评价结果，确定使用浓度为 0.1%(有效浓度)。

(2)优选的泡沫体系可以大幅度降低表面活性剂的损耗量，泡沫条件下，起泡剂的吸附量为 0.1786mg/g，低于溶液条件下的吸附量(0.2452mg/g)，为溶液条件下的 72.84%。

(3)高压条件下，表征泡沫起泡能力的起泡体积和稳定性的泡沫半衰期，随压力的上升而增加。优选泡沫体系(有效浓度为 0.1%的 XHY－4)在压力为 15MPa 时，200mL 起泡液的起泡体积和泡沫半衰期分别为 2125mL 和 1639s，其泡沫综合指数为 58048mL · min，具有理想的泡沫性能。

4.2 岩芯驱替实验及评价

在油层温度(90℃)、注入水、地层水、石英砂等条件下，开展了岩芯驱替实验，包括单管及双岩芯并联实验。研究内容包括驱替速度、含油饱和度、有效浓度、气液比对起泡能力的影响及段塞大小、渗透率级差对驱油效果的影响等。

4.2.1 单管岩芯驱替实验

4.2.1.1 起泡剂浓度对阻力系数/残余阻力系数的影响

填砂管长度为 2m，孔隙体积为 850mL，孔隙度为 35.6%，渗透率为 $446.7\times10^{-3}\mu m^2$。$P_1$ 和 P_4 为填砂管首尾压力表的示数，P_2 和 P_3 则为填砂管中间的两个压力表的示数，两个压力表之间相距1m，距首尾两端距离都为0.5m。

图4-9中，RF_{14}、RF_{12}、RF_{23}、RF_{34}在起泡剂浓度为0，即没有泡沫的情况下水驱，阻力系数均为1。起泡剂浓度在0.02%～0.06%之间变化时，阻力系数RF_{14}缓慢增加，由浓度为0.02%时的6.7增加到浓度为0.06%时的24.4。当起泡剂浓度由0.06%增加到0.1%时，RF_{14}增加较快，由浓度为0.06%时的24.4增加到浓度为0.1%时的73.3。由此可以得出，起泡剂浓度超过0.06%时，浓度的增加对阻力系数影响较大。当起泡剂浓度为0.1%时，阻力系数最大，此时已满足油田提高采收率的需求。RF_{12}、RF_{23}、RF_{34}的变化趋势与RF_{14}大致相同。从驱替效果和经济因素两方面考虑，根据岩芯驱替实验结果，确定起泡剂XHY-4有效浓度为0.1%。

由图4-10可知，当起泡剂浓度为0.02%时，残余阻力系数仅为1.2；浓度为0.04%和0.06%时的残余阻力系数也较低，分别为1.5和1.9；当浓度为0.08%时残余阻力系数为2.5，此时已较高；当浓度为0.1%时，残余阻力系数最大，为3.2。

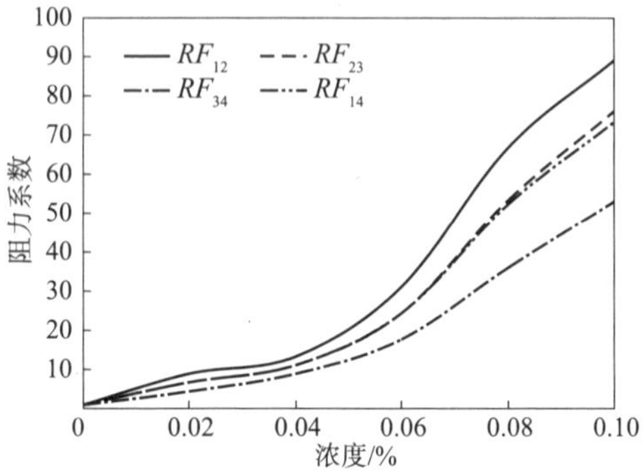

图4-9 起泡剂浓度对泡沫阻力系数的影响

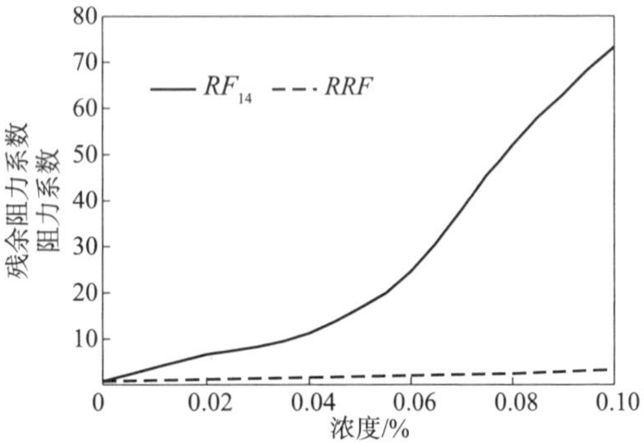

图4-10 不同起泡剂浓度对阻力系数及残余阻力系数影响的关系曲线

4.2.1.2 流速对泡沫在孔隙介质中渗流特征的影响

1)流速对阻力系数的影响

填砂管长度为2m，孔隙体积为800mL，孔隙度为33.5%，渗透率为$447\times10^{-3}\mu m^2$。实验所用起泡剂XHY-4浓度为0.1%。

图4-11结果表明，当线速度在0.1～0.3m/d之间增加时，阻力系数RF_{14}缓慢增大，由流速为0.1m/d时的13.3增加到流速为0.3m/d时的17.8，上升了4.5；当线速度在0.3～1.0m/d之间增加时，阻力系数急剧增大，由流速为0.3m/d时的17.8急剧增加到流速为1.0m/d时的66.7，上升幅度为48.9；当线

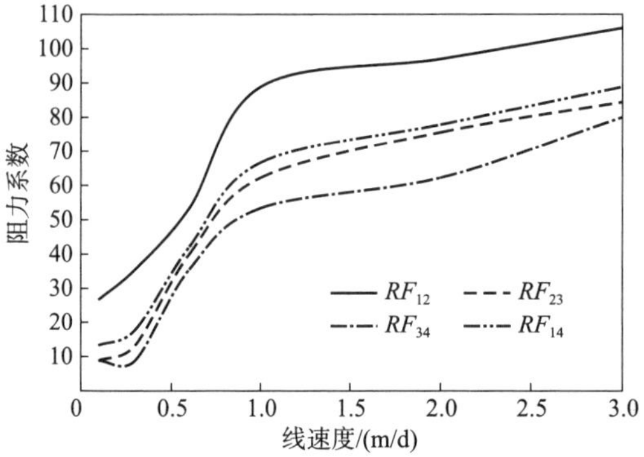

图4-11 泡沫渗流线速度对阻力系数的影响

速度在1.0~3.0m/d的范围内增大时，阻力系数RF_{14}增大较为缓慢，由线速度为1.0m/d时的66.7增加到线速度为3.0m/d时的88.9，上升了22.2。对于阻力系数RF_{12}、RF_{23}及RF_{34}，它们的增加趋势与RF_{14}类似。因此，可以确定XHY-4的临界起泡速度为0.1m/d。

值得注意的是，即使在低流速(0.1~0.3m/d)条件下，也有较为理想的阻力系数RF，只是相对较低而已，并不意味着没有泡沫产生，只是泡沫数量相对较少。

2)剪切速率与泡沫有效黏度的关系

由图4-12可知，在剪切速率由$2.4s^{-1}$增加到$16.6s^{-1}$时，有效黏度由219.2mPa·s下降到53.5mPa·s，其下降趋势与幂指数相近，根据实验数据拟合出有效黏度与剪切速率的关系式为：

$$\mu = 368.4x^{-0.62} \tag{4-3}$$

$$\mu = K\dot{\gamma}^{n-1} \tag{4-4}$$

式中，μ为有效黏度，mPa·s；K为稠度系数；$\dot{\gamma}$为剪切速率，s^{-1}；n为幂律指数，n取0.38。

这与幂律流体的黏度计算公式相似，验证了实验数据的合理性。

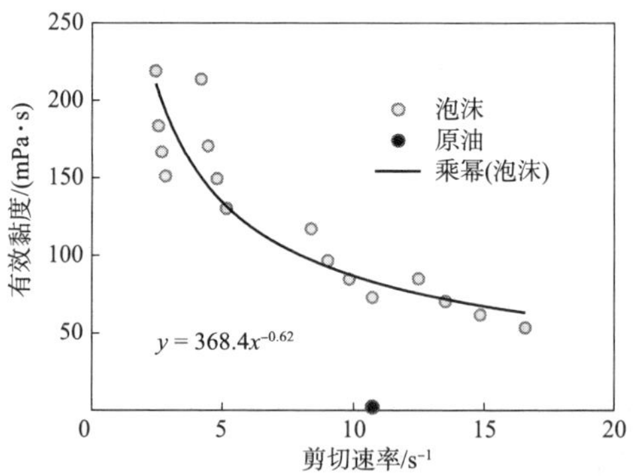

图4-12 河间油田东营组油藏条件下剪切速率对泡沫有效黏度$\mu_{有效}$影响的关系图

4.2.1.3 含油饱和度对阻力系数的影响

对于泡沫驱目的层来说，由于开发时间不同、各层吸水能力不同，含油饱和度也不同。而含油饱和度对泡沫的性质及流动特征有明显影响。

填砂管孔隙体积为700～1000mL，孔隙度为29%～41.8%，渗透率为$300\times10^{-3}\sim700\times10^{-3}\mu m^2$。

由图4－13可以看出，随着含油饱和度的增加，泡沫阻力系数逐渐降低，但在不同的含油饱和度区间内下降幅度不同。当含油饱和度在0～17%之间变化时，阻力系数RF_{14}由73下降到53，下降较为平缓；当含油饱和度在17%～21%之间变化时，RF_{14}下降较快，由含油饱和度为17%时的53降低到含油饱和度为21%时的36；当含油饱和度在21%～45%之间变化时，RF_{14}由36下降到26，下降趋势缓慢。当含油饱和度大于45%时，随着含油饱和度的增加，阻力系数RF_{14}基本不再变化。值得注意的是，高含油饱和度下阻力系数较低，但仍有较为理想的阻力系数，所以即使遇到含油层也能起到很好的封堵作用。

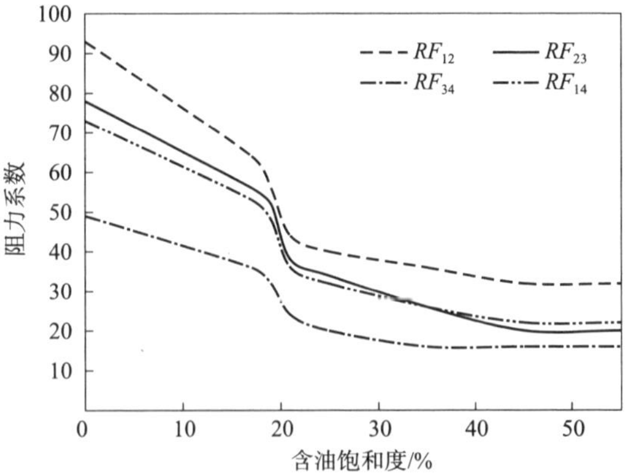

图4－13　含油饱和度对泡沫阻力系数的影响

4.2.1.4　渗透率对阻力系数的影响

研究结果表明，泡沫具有“堵高不堵低”的作用和机理。由于河间油田东营组非均质性严重，各层渗透率差异较大，泡沫的生成条件不同。因此，进一步研究渗透率对阻力系数的影响，具有重要的实际意义。

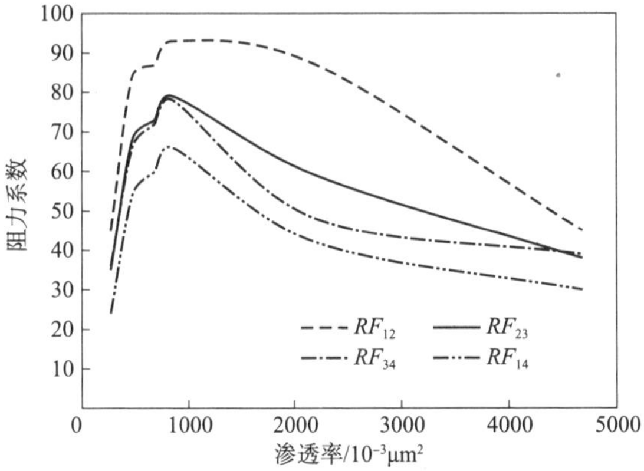

图4－14　渗透率对泡沫阻力系数的影响

由图4－14可以看出，随着岩芯渗透率的增大，RF_{12}、RF_{23}、RF_{34}及RF_{14}逐渐增大，进一步证明了泡沫具有“堵高不堵低”的作用和机理。渗透率在$265\times10^{-3}\sim471\times10^{-3}\mu m^2$范围内，随着油层渗透率的增加，泡沫阻力系数迅速增大。RF_{12}、RF_{23}、RF_{34}及RF_{14}分别由45.1、36.3、24.4及36.6

急剧上升到83.2、66.6、52.2及67.3；渗透率在$471\times10^{-3}\sim851\times10^{-3}\mu m^2$范围内，随着渗透率的增加，阻力系数上升幅度较小。$RF_{12}$、$RF_{23}$、$RF_{34}$及$RF_{14}$分别由83.2、66.6、52.2及67.3缓慢上升到92.3、73.1、62.1及73.3。当渗透率在$2207\times10^{-3}\sim4685\times10^{-3}\mu m^2$之间变化时，$RF_{12}$、$RF_{23}$、$RF_{34}$及$RF_{14}$逐渐降低，但下降趋势不同。

值得注意的是，渗透率$\geqslant471\times10^{-3}\mu m^2$后，泡沫阻力系数上升幅度不大，但阻力系数已较高，满足油田提高采收率的要求。

同样，无论渗透率高低，距离入口端越远，阻力系数越低。即起泡速度小于消泡速度。

4.2.1.5 压力对阻力系数的影响

驱替实验所用填砂管岩芯直径为3.9cm，岩芯长度为2m。泡沫体系及实验条件与前述相同。

图4-15中，RF_{14}为整支填砂管岩芯的平均阻力系数。结果表明，随着出口回压压力的变大，RF_{14}逐渐增加，当回压为0，即常压条件下，RF_{14}为40；回压增加到5MPa时，RF_{14}变为60；压力增加到10MPa时，RF_{14}增加到82。RF_{12}、RF_{23}、RF_{34}和RF_{14}随压力变化的趋势基本相同，基本呈线性增加。

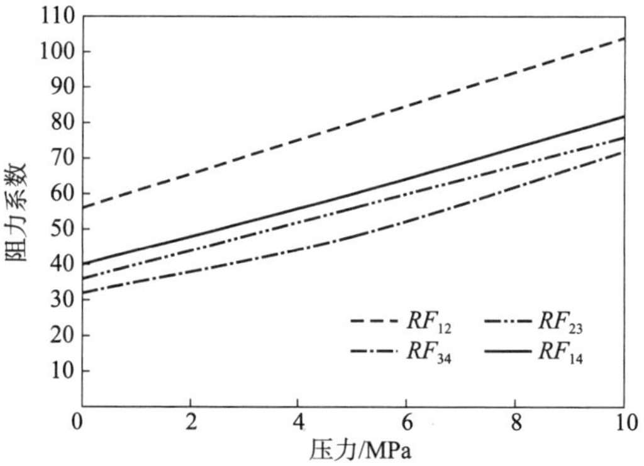

图4-15 回压压力对河间油田东营组泡沫阻力系数的影响

4.2.2 双管岩芯驱替实验

4.2.2.1 不同空气泡沫段塞对驱油效果的影响

在室内开展了不同渗透率填砂管并联实验，结果如表4-3所示。A1、B1、C1、D1为四组不同空气泡沫段塞下高低渗透层(管)驱替实验。

表 4－3　四组填砂模型(石英砂)驱油效果

组别	空气泡沫段塞大小/PV	参数	采出程度/%			提高采收率/%
			水驱	空气泡沫驱	后续水驱	
A1 组	0.1	高渗透层(管)	72.58	74.63	76.54	3.96
		低渗透层(管)	37.32	40.16	44.09	6.77
		平均	55.58	58.01	60.89	5.31
B1 组	0.2	高渗透层(管)	60.53	65.3	66.7	6.17
		低渗透层(管)	29.43	38.7	42.28	12.85
		平均	44.39	51.48	54	9.61
C1 组	0.3	高渗透层(管)	46.43	52.68	61.96	15.53
		低渗透层(管)	42.31	51.08	58.77	16.46
		平均	44.37	51.82	60.37	16.04
D1 组	0.4	高渗透层(管)	53.67	61.02	70.00	16.33
		低渗透层(管)	38.98	46.61	59.49	20.51
		平均	45.65	53.15	64.07	18.42

由图 4－16 可以看出，C1 组(段塞 0.3PV)低渗透层(管)采出程度由水驱的 42.31% 提高到 58.77%，总采出程度由水驱的 44.21% 提高到 60.25%，增加幅度为 16.04 个百分点；同时，高渗透层(管)含水率由水驱结束时的 98.71% 下降至最低，为 74.74%，之后含水率逐渐回至 98% 以上，低渗透层(管)含水率从水驱结束时的 72.38% 下降至最低时的 60.85%，之后含水率逐渐回至 98% 以上。

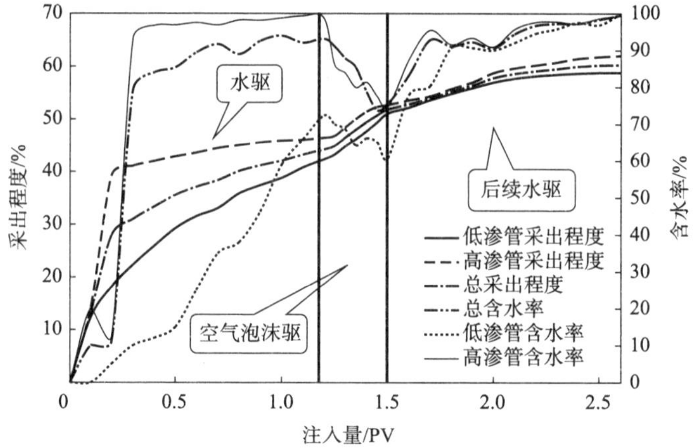

图 4－16　C1 组非均质模型(段塞 0.3PV)注入量与采出程度及含水率变化曲线

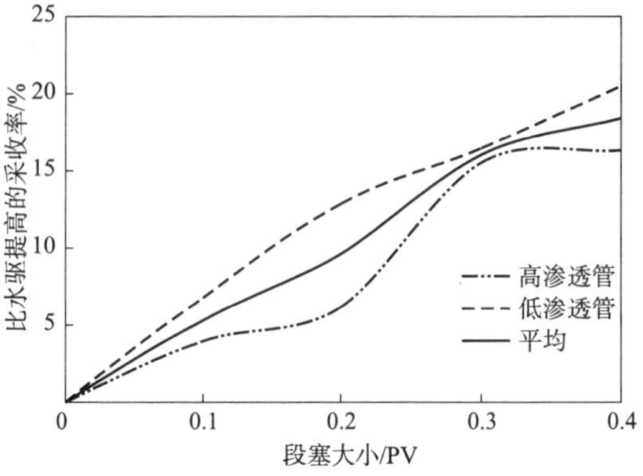

图 4－17　段塞大小对采收率的影响

通过四个不同泡沫段塞的岩芯驱替实验，由图 4－17 可以看出，在相同泡沫段塞条件下，低渗透层(管)泡沫驱提高的采收率大于高渗透层(管)泡沫驱提高的采收率。分析认为，这是因为泡沫体系具有较高的视黏度及有效黏度，具有理想的封堵能力，可以高效地封堵高渗透填砂管，从而增加了泡沫进入相对低渗透层(管)的液量，提高了波及效率，因此，低渗透层(管)相比水驱增产的油量有明显提高。

同时，从图 4－17 中的三条曲线还可以看出，当泡沫段塞在 0～0.3PV 之间增大时，泡沫驱相比水驱提高的采收率值急剧增加；当注入量在 0.3～0.4PV 之间增大时，泡沫驱相比水驱提高的采收率增长幅度变得较为缓慢，说明泡沫段塞较小，即在低段塞(0～0.3PV)，单位泡沫段塞对应的(相比水驱提高)采收率增加幅度大于大段塞(0.3～0.4PV)条件下采收率增加幅度，这说明低泡沫段塞大小对采出程度的影响较大；当段塞大于 0.3PV 时，段塞的大小对采出程度影响相对减少，综合考虑驱油效果与生产成本，可以看出 0.3～0.4PV 是较理想段塞大小。

值得注意的是，同一段塞下，高、低渗透层(管)与水驱提高采收率之间的差值不同，是由不同泡沫段塞下对应的填砂管的渗透率级差不同造成的，因此，要进一步评价同一段塞下不同渗透率级差对驱油效果的影响。

C1 组填砂管模型的注入量和分流量动态变化规律如图 4－18 所示。由图 4－18可以看出，在水驱阶段，C1 组在 0.1PV 内高、低渗透层(管)平均分流量为 0.085PV 和 0.015PV；而高、低渗透层(管)的载液量近似保持恒定不变，高、低渗透层(管)平均载液量为 79% 和 21%。注入水主要在高渗透层(管)形成窜流通道，低渗透层(管)分流量相对较低。随着泡沫的注入，高、低渗透层(管)的分流量差异进一步减小，当注入泡沫达到 0.1PV 后，高、低渗透层(管)的分流量开始出现交叉；高渗透层(管)载液量变小，低渗透层(管)载液量变大，从泡沫驱到后续水驱结束前，高、低渗透层(管)的载液量近似保持恒定，高、低渗透层(管)平均载液量为 70% 和 30%。可见，对于 C1 组实验，泡沫均在高渗透层形成有效封堵。

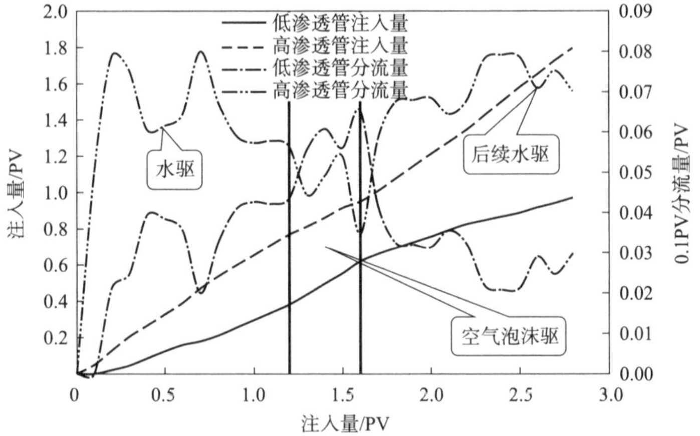

图 4－18　C1 组非均质模型(段塞 0.3PV)注入量与单管载液量、分流量曲线

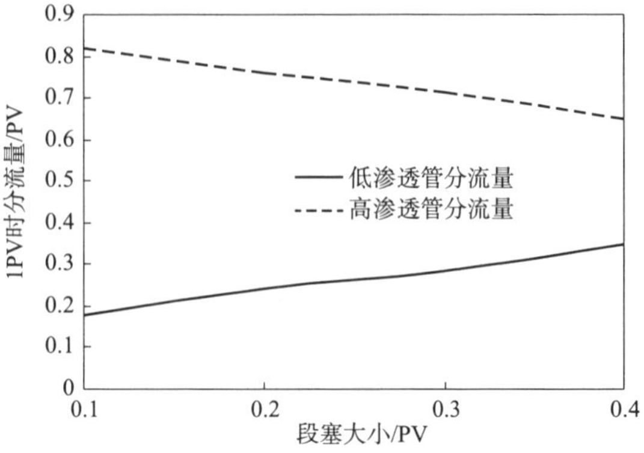

图 4－19　段塞大小对分流量的影响

图 4－19 为不同段塞下高、低渗透层(管)折算到 1PV 时的分流量，由图中可知，随着段塞的逐渐增加，高渗透层(管)折算到 1PV 时的分流量逐渐减小，1PV 时对应的分流量由 0.1PV 段塞时的 0.82PV 减小到 0.4PV 段塞时的 0.65PV；低渗透层(管)折算到 1PV 时的分流量逐渐增加，1PV 时对应的分流量由 0.1PV 段塞时的 0.18PV 增加到 0.4PV 段塞时的 0.35PV。

结合上述，各组岩芯驱替，空气泡沫驱优选一个较为合适的段塞大小，驱油效果和经济条件才能达到平衡。综合考虑驱油效果与生产成本，认为 0.3 ~ 0.4PV 是河间油田东营组油藏泡沫驱较为理想的段塞尺寸。

4.2.2.2　不同渗透率级差对驱油效果的影响(空气泡沫段塞 0.3PV)

为了进一步验证所选起泡剂在不同渗透率级差石英砂模型上的驱油效果，在空气泡沫段塞 0.3PV 条件下，用上述同样的方法进行了不同渗透率级差对空气泡沫驱油效果影响的岩芯驱替实验研究。

由表 4－4 和图 4－20 可以看出，随着渗透率级差的增大，采出程度提高的幅度先增大后减小。当渗透率级差为 2.3 ~9.2 时，采出程度提高的幅度：高渗透层(管)由 15.53% 增加到 20%，低渗透层(管)由 16.46% 增加到 30.38%，双管由16.04%增加到24.98%；当渗透率级差为9.2～11.2时，采出程度变化的幅度：高渗透层(管)由20%降低到17.94%，低渗透层(管)由30.38%降低到10.8%，双管由24.98%降低到10.86%。由此可知，在渗透率级差较低时，随着级差的增大，泡沫驱提高采收率的值增大。当渗透率级差大于9.2时，随着渗透率级差的增大，驱油效果变差，对高低渗驱替管的封堵调剖能力变小，即非均质性太严重的油藏泡沫驱油体系的封堵及调剖能力将会减弱，最终因提高油层波及效率的作用不明显，其应用受到一定程度的限制。

表4-4 四组渗透率级差填砂模型驱油效果

组别	渗透率差	参数	采出程度/%			提高采收率/%
			水驱	泡沫驱	后续水驱	
C1组	2.3	高渗透层(管)	46.43	52.68	61.96	15.53
		低渗透层(管)	42.31	51.08	58.77	16.46
		平均	44.21	51.82	60.25	16.04
C2组	7.6	高渗透层(管)	45.88	57.18	66.82	20.94
		低渗透层(管)	26.67	39.74	51.79	25.12
		平均	36.69	48.83	59.63	22.94
C3组	9.2	高渗透层(管)	49.77	61.35	69.77	20.00
		低渗透层(管)	39.62	56.54	70.00	30.38
		平均	46.09	60.26	71.07	24.98
C4组	11.2	高渗透层(管)	51.47	65.00	69.41	17.94
		低渗透层(管)	8.40	18.00	19.20	10.80
		平均	24.20	32.84	35.06	10.86

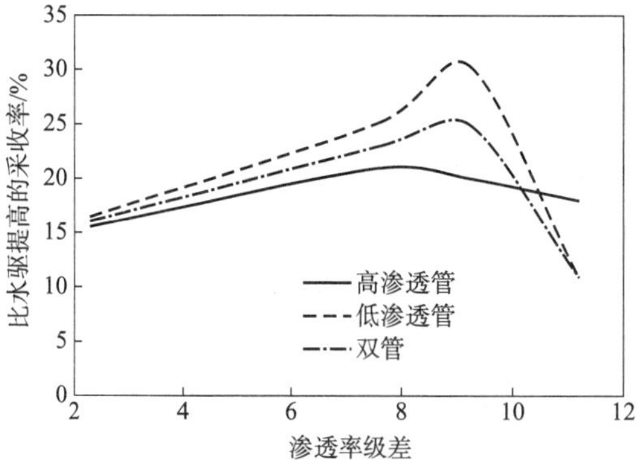

图4-20 并联岩芯渗透率级差对驱油效果的影响

4.2.3 岩芯驱替实验小结

(1)河间油田东营组油藏条件下，泡沫体系的阻力系数在6.7～73.3之间，可以满足提高采收率的要求，最终确定起泡剂XHY-4有效浓度为0.1%。

(2)当起泡剂有效浓度为0.1%时，残余阻力系数达到最大值 3.2，具有理想的驱油效果。

(3)在低流速(0.1 ~0.3m/d)条件下，尽管泡沫数量相对较少，但泡沫仍具有较为理想的阻力系数，其临界起泡速度为 0.1m/d。

(4)随着含油饱和度的增加，泡沫阻力系数逐渐降低，在含油饱和度大于45%时，泡沫阻力系数(26 左右)基本不再变化，起到很好的封堵作用。

(5)随着岩芯渗透率的增大，阻力系数逐渐增大；当渗透率大于 $851\times10^{-3}\mu m^2$ 时，随着岩芯渗透率的增大，阻力系数逐渐降低，泡沫逐渐表现出了管流的流动特征。

(6)随着压力的增大，阻力系数逐渐增加，当回压分别为 0MPa、5MPa、10MPa 时，对应的阻力系数分别为 40、60、82。

(7)综合考虑驱油效果与生产成本，确定河间油田东营组油藏空气泡沫驱泡沫段塞为 0.3 ~0.4PV。

(8)在渗透率级差较低时，随着渗透率级差的增大，泡沫驱提高采收率的值增大。当渗透率级差大于 9.2 时，随渗透率级差的增大，驱油效果变差，即非均质性太严重的油藏泡沫驱油体系的封堵及调剖能力将会减弱。

4.3 泡沫驱注入方案及效果预测数值模拟

根据以上原则及对原始资料的处理，本次建模试验区面积约 $3.6km^2$(图 4 -21)，纵向上目的层共划分为 8 个有效模拟层，加上 7 个隔(夹)层共 15 个层，为了充分体现储层的纵向非均质性，根据模拟技术方法，设定网格横向步长为 20m，目的层三维网格数为 251712 个。

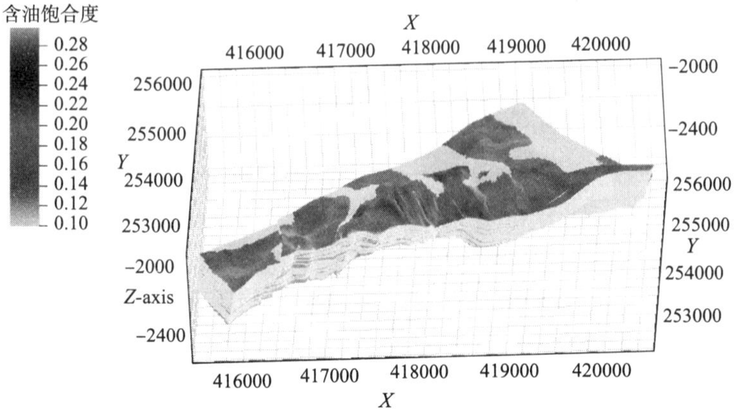

图 4 -21 河间油田东营组油藏空气泡沫驱目的层地质模型平面图

4.3.1 模型的建立

通过河间油田东营组油藏精细地质模型的粗化与调整，按照 20m × 20m 的网格密度，把油藏的 X 方向划分成 276 个网格，Y 方向的网格数为 114，Z 方向则划分为 15 个小层(有效层与隔层分别为 8 个和 7 个)，有效的网格节点总个数为 276 × 114 × 8 共251712 个。模型初始孔隙度、渗透率及含油饱和度分布平均值如表 4 –5 所示。

表 4 –5 物性初始数据

模拟层	物性平均值		
	孔隙度/%	X 方向渗透率/$10^{-3}\mu m^2$	含油饱和度/%
第 1 模拟层	20. 35	307	29. 40
第 3 模拟层	19. 12	251	31. 15
第 5 模拟层	19. 66	422	32. 50
第 7 模拟层	19. 41	366	26. 85
第 9 模拟层	19. 00	389	30. 67
第 11 模拟层	17. 79	154	31. 16
第 13 模拟层	18. 08	196	34. 26
第 15 模拟层	18. 09	188	32. 95
全区	18. 94	284	31. 12

4.3.2 水驱历史拟合

4.3.2.1 地质储量的拟合

表 4 –6 为数值模拟计算的各模拟层地质储量与油藏工程方法计算的储量对比，由表中可以看出，储量拟合的误差仅为 2. 77%，因此，数值模拟计算的储量可靠，证明模型的储量与实际地质储量相符。

表 4 –6 各小层储量拟合结果表 10^4t

模拟层号	拟合储量	地质小层	油藏工程方法储量
1	77. 65	Ed_3 Ⅰ	66. 32
3			
5	246. 62	Ed_3 Ⅱ	245. 28
7			
9			

续表

模拟层号	拟合储量	地质小层	油藏工程方法储量
11	192.07	Ed_3 Ⅲ	190.82
13			
15			
合计	516.34	Ed_3 Ⅰ～Ⅲ	502.42

4.3.2.2　全区及单井参数的拟合

河间油田东营组自1977年11月投入生产以来，截至2011年10月，全区历史累计产油量为160.92×10^4t，数值模拟累计产油量为162.07×10^4t，数值模拟比实际多产原油量为1.15×10^4t，相对误差为0.71%（图4－22～图4－27）。

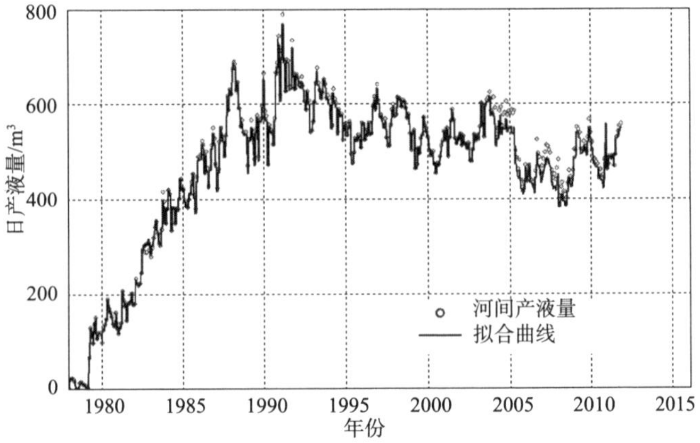

图4－22　全区日产液量拟合曲线

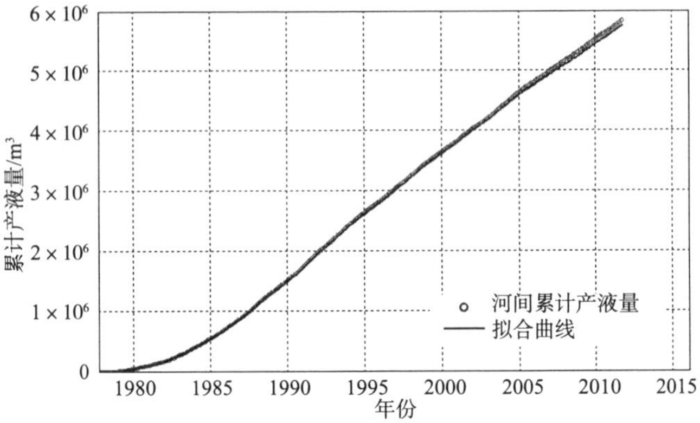

图4－23　全区累计产液量拟合曲线

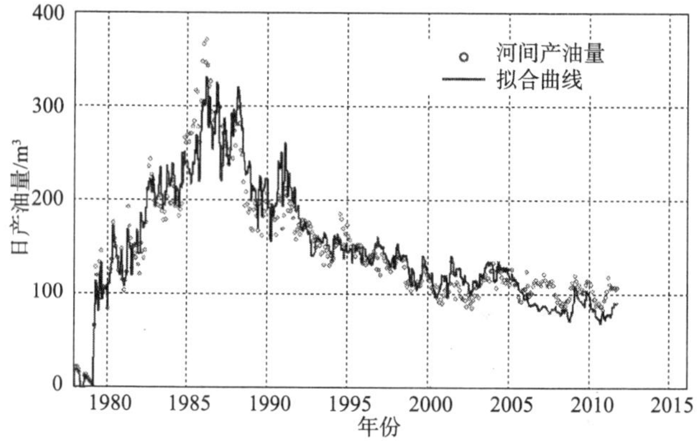

图 4-24　全区日产油量拟合曲线

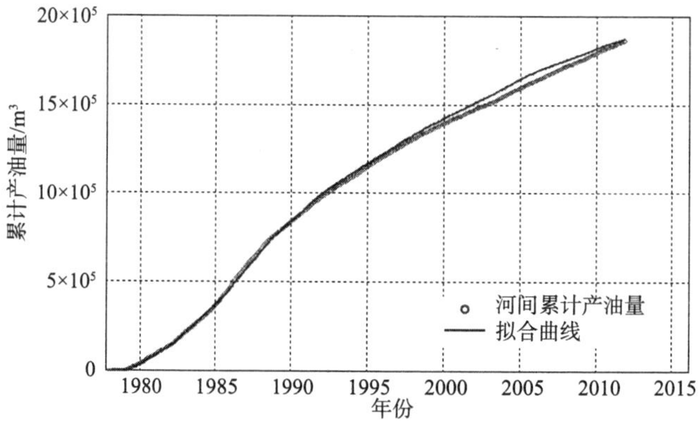

图 4-25　全区累计产油量拟合曲线

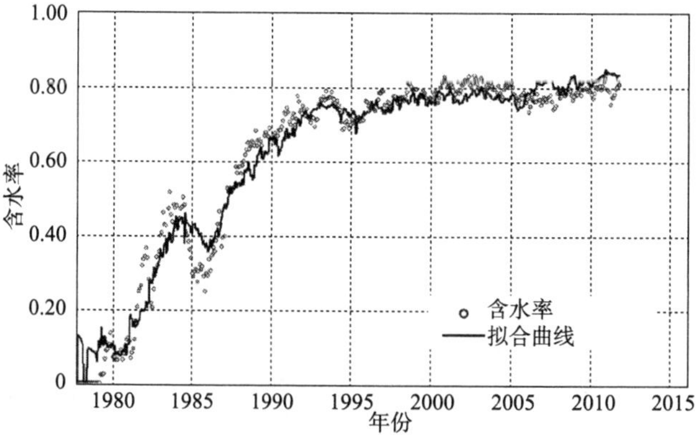

图 4-26　全区含水率拟合曲线

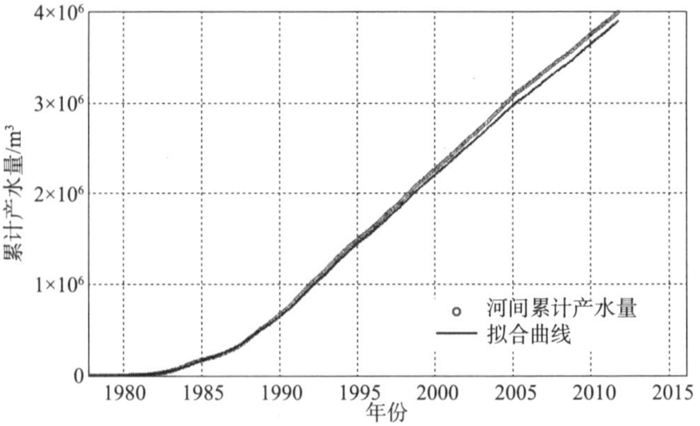

图 4-27　全区累计产水量拟合曲线

在对全区总共 69 口油井进行拟合之后，拟合较好、一般以及较差的油井分别为 37 口、23 口和 9 口；其中，拟合较好和一般的生产井共 60 口，占全部模拟井数的 87.0%，达到数值模拟水驱拟合符合实际情况井数 2/3 的要求。

4.3.3　水驱效果预测

图 4-28 为全区水驱效果预测的日产油量、累计产油量以及含水率变化曲线。由图中可以看出，在现有工作制度不变的情况下，全区日注水量为 628.92m³，截至 2023 年 10 月 1 日，全区综合含水率达到 98%，模拟计算累计产油量为 192.77×10^4t，水驱采出程度为 37.33%，与标定采出程度（37.13%）相比，误差为 0.54%，说明数值模拟计算结果可靠。

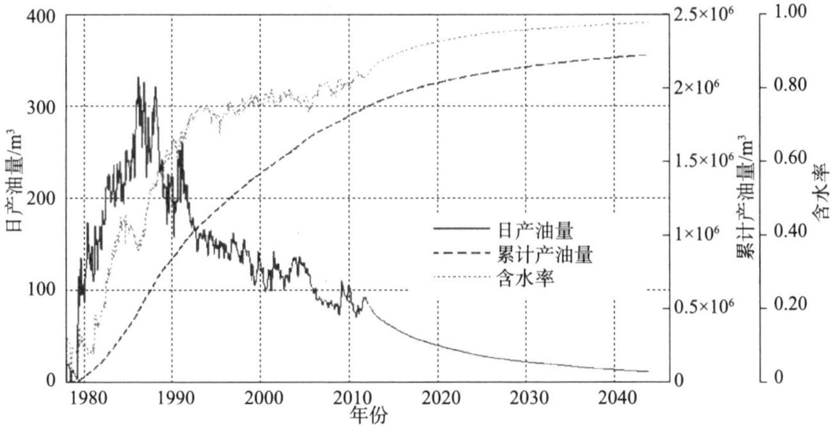

图 4-28　河间油田东营组全区水驱效果预测曲线

4.3.4 注入方案的优化设计

空气泡沫驱的注入方式、注入段塞大小以及注入程序等的优化设计，不仅可以使空气泡沫驱达到最佳的驱油效果，还可以提高起泡剂的利用率，大幅提高泡沫驱的整体技术经济效果，因此，其是泡沫驱实施方案优化设计研究的重点。

根据室内实验研究的结果，确定数值模拟计算使用的泡沫体系为 XHY－4，起泡剂有效浓度为0.1%(1000mg/L)；自 2011 年 10 月 1 日起进行泡沫驱数值模拟，初步计算时根据注入井实际注入量按照 1.0：1.0 的气液比配注起泡液及注气量，各注入井的配注量如表4－7所示。

表4－7　水井日注量统计　m^3/d

注入井	日注量		
	日注水量	日注发泡液量	日注气量(地面)
J113	55.13	27.57	4759
J115	35.87	17.94	3097
J119	25.68	12.84	2217
J121	35.36	17.68	3053
J125	25.84	12.92	2231
J127	81.17	40.59	7008
J145	23.43	11.72	2023
J148XN	57.95	28.98	5003
J157X1	57.99	29.00	5006
J169X	7.42	3.71	641
J186	14.14	7.07	1221
J201X	13.59	6.80	1173
J206X	55.21	27.61	4766
J211X	4.82	2.41	416
J220X	4.10	2.05	354
J235	49.93	24.97	4311
J238X	19.30	9.65	1666
J240X	54.53	27.27	4708
M63	6.60	3.30	570

4.3.4.1 泡沫深部调驱段塞优化设计

泡沫深部调驱段塞选取较小的段塞大小，起泡剂 XHY－4(有效浓度0.1%)，气液比为1.0：1.0，气液同注条件下，泡沫段塞注入结束后，继续进行后续水驱。

由图4－29可知，随着调驱段塞的增加，吨起泡剂增油量曲线呈先增加后降低的趋势，在段塞大小为0.008PV时，吨起泡剂增油量达到最大值，为433.60t，即现场实施注泡沫深部调驱8个月后，增油效果最好。因此，确定河间油田东营组空气泡沫深部调驱段塞大小为0.008PV。

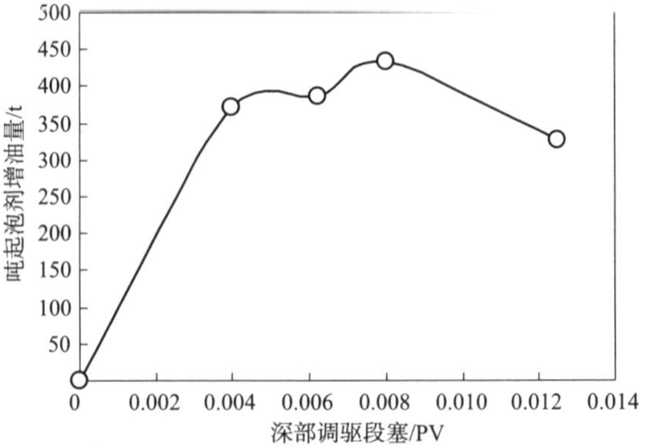

图4－29 调驱段塞对河间油田东营组油藏空气泡沫调驱油效果的影响

4.3.4.2 空气泡沫驱主段塞优化设计

根据前面室内实验，确定河间油田东营组空气泡沫驱主段塞发泡剂为0.1%［XHY－4，浓度0.1%(有效)］，气液比为1.0：1.0，气液同注，泡沫段塞注入结束后，进行后续水驱，直至试验区综合含水率达到98%。

事实上，当吨起泡剂增油量最大时，泡沫驱的经济效果最理想，但最终采收率不高；在0.05PV时吨起泡剂增油量达到最大值，为141.22t，但采收率相对降低。当采收率较高时，往往是吨起泡剂的增油量不是最大，可能经济效果不是最理想。通常情况下，在经济效益适当的前提下，最大限度地提高最终采出程度。因此，需要综合考虑其技术经济效果，该参数即综合指标，在0.30PV时综合指标达到最大值，为7.65，同时在0.30PV后采收率提高幅度增加得较为缓慢，综合考虑确定空气泡沫驱主段塞大小为0.30PV(图4－30)。

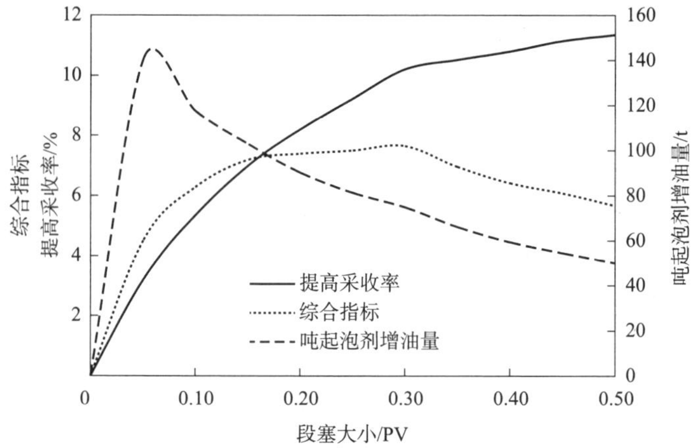

图4－30　空气泡沫段塞大小对河间油田东营组空气泡沫驱油效果影响关系曲线

4.3.4.3　气液比的优化设计

室内实验以大段塞泡沫驱为主。对于泡沫驱来说，空气泡沫的气液比是影响泡沫封堵能力的重要因素，因此，其对空气泡沫的驱油性能有显著的影响。为了进一步优化室内实验得到的气液比，同时也优选出适合河间油田东营组油藏实际地层情况的气液比，首先对其进行了优化设计。

由图4－31可以看出，当气液比越低(气越少)，发泡所需的气体量不足，因而泡沫的体积没有达到理想的最大体积，驱油不理想。因此，在低气液比条件下，随着气液比增大即气体体积的增高，在相同条件下的泡沫发泡体积增大，因而驱油效果变好；但是，进一步增大气液比，即气体继续增加，由于起泡液体积有限，导致在相同泡沫体积条件下，泡沫的液膜厚度变薄，使得泡沫稳定性变差，采收率降低。

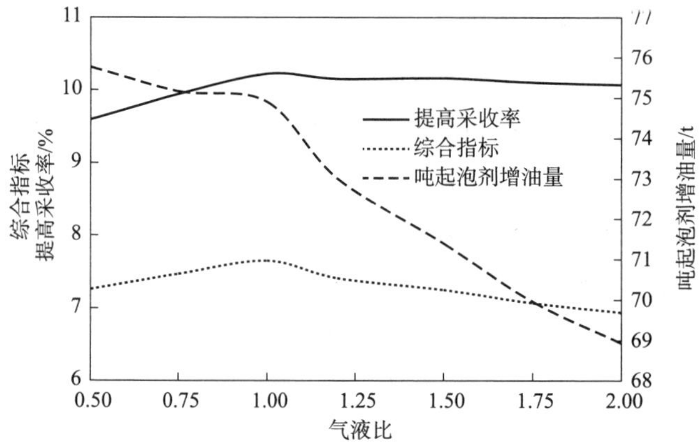

图4－31　气液比对河间油田东营组油藏空气泡沫驱油效果的影响

提高采收率的曲线变化趋势与室内实验泡沫阻力系数与气液比的关系曲线变化趋势一致，即当气液比为 1.0：1.0 时，泡沫阻力系数达到最大值，此时提高采收率值也最大，达到最佳技术效果；但综合考虑了经济效果与技术效果的综合指标，最大值(7.65)出现在气液比为 1.0：1.0 时。因此，数值模拟进一步优化确定的泡沫驱最佳气液比为 1.0：1.0。

4.3.4.4 注采速度优化设计

从目前注采速度来看，实际注采速度相对较低(图 4－32)。同时，注采速度过慢，还影响投资收益速度；此外，有关表面活性剂水溶液驱、聚合物驱、复合驱等化学驱注入速度的基本结论是，在不超过油层破裂压力的条件下，在可能的情况下尽量快注。为此，对河间油田东营组泡沫驱的注采速度进行了研究。目前，试验区目的层水驱注入速度为 0.0125PV/a，注入速度偏低。

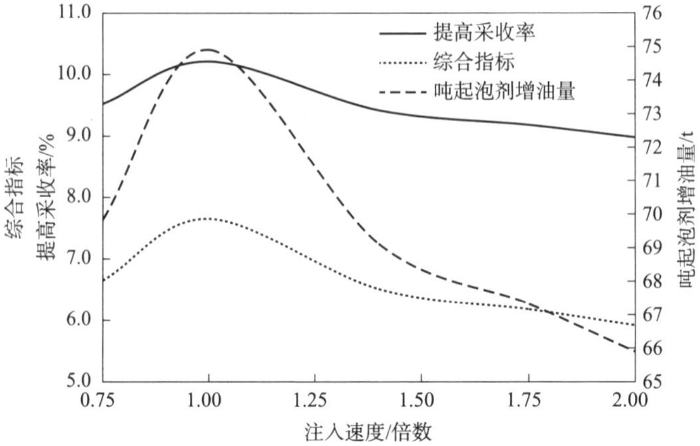

图 4－32 注入速度(目前水驱注入速度倍数)对泡沫驱油效果的影响

在泡沫驱主段塞为 0.30PV、起泡剂有效浓度为 0.1%、气液比为 1.0：1.0 及气液混注的条件下，开展了注采速度分别为目前注入速度 0.75 倍、1.25 倍、1.5 倍、1.75 倍和 2 倍时的模拟计算。

需要说明的是，在提高注入速度的同时，为保持试验区注采平衡，按相同比例，同时提高了试验区内各油井产量。

为此，确定河间油田东营组空气泡沫驱的注采速度即为当前水驱时的注采速度。但考虑到油田生产需要及实际情况，可以根据具体情况，予以适当调整。可以小幅度提高注入速度(在目前速度的 1.0～1.25 倍)，以达到短时间内提高产量的目的。

图 4－33 和图 4－34 是在改变注入速度下的数值模拟计算结果。由图 4－33～

图4-34可以看出，随着注入速度的提高，产油速度在相同的时间段内增加得较快，累计产油量在相同的时间内增加较多；随着注入速度的提高，含水率先快速下降后又快速上升，上升的幅度比低注入速度情况下大，且含水率上升到同一值时的年限低注入速度比高注入速度时间段长；高注入速度下含水率达到98%的时间明显比低注入速度下的时间短，即使高速度下日产油量较高，但是持续的时间范围较窄，含水率很快达到98%，而低注入速度下含水率达到98%的时间段较长，累计产油量也随之上升。值得注意的是，注入速度太低也不能达到满意的驱油效率。

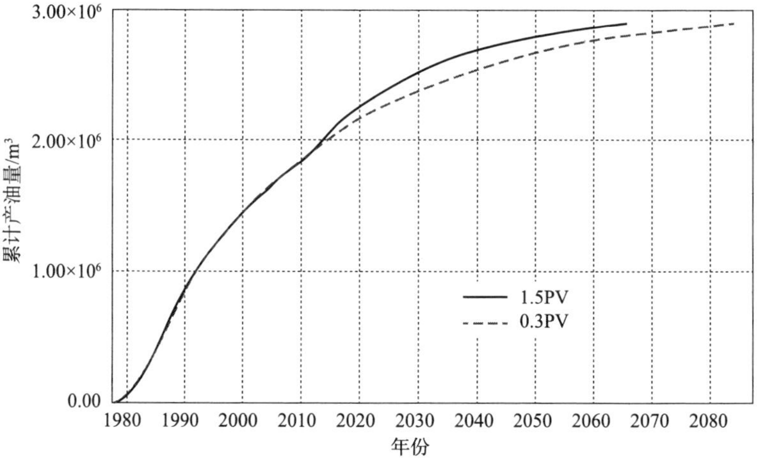

图4-33　不同注入速度下累计产油量变化曲线

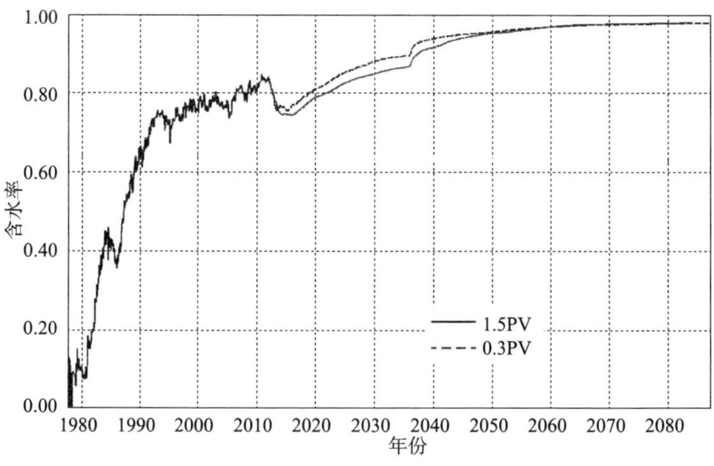

图4-34　不同注入速度下含水率变化曲线

4.3.4.5 前置段塞大小的优化设计

前面优选了河间油田东营组主段塞大小的优化设计，但由于泡沫在地层中有一定的吸附和滞留作用，为了取得更好的驱油效果，因此必须选用段塞小、起泡液浓度相对高的位置作为前置段塞。根据前面的优化结果，确定泡沫驱主段塞为0.30PV 条件下，起泡剂 XHY－4 有效浓度为 0.1%、气液比为 1.0：1.0、气液混合注入的条件下，计算较高浓度起泡液前置段塞对河间油田东营组油田空气泡沫驱驱油效果的影响。

由图 4－35 可知，根据先前研究前置段塞大小对驱油效果的影响，选定前置段塞起泡剂 XHY－4 的有效浓度为 0.2%（前置段塞＋后续段塞＝0.30PV）。

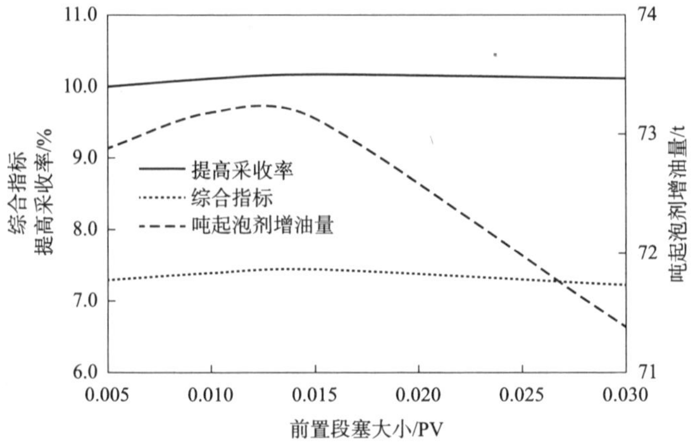

图 4－35 前置段塞发泡剂浓度为 0.2% 时，段塞大小对泡沫驱油效果的影响

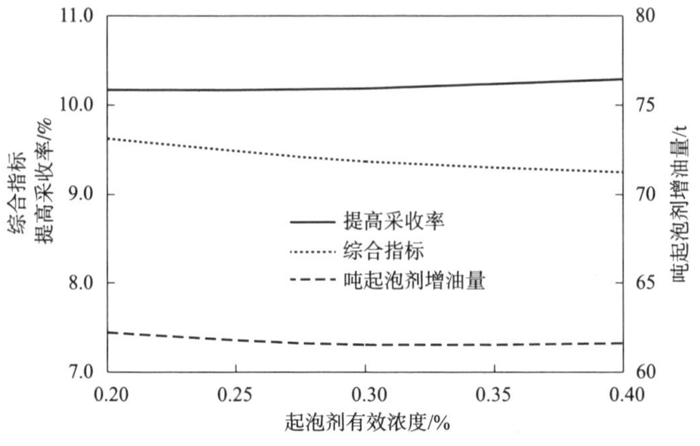

图 4－36 前置段塞为 0.015PV 条件下，发泡剂有效浓度对驱油效果的影响

上述研究了同一起泡剂(有效)浓度下，段塞大小对泡沫驱油效果的影响分析。下面分析在确定的最佳前置段塞0.015PV前提下，起泡剂(有效)浓度对驱油效果的影响。

由图4－36可知，综合考虑提高采收率、吨起泡剂增油量以及综合指标，确定河间油田东营组空气泡沫驱前置段塞中的起泡剂有效浓度为0.2%。

4.3.4.6 注入方式的优化设计

前面已经研究了主段塞大小、气液比、注采速度以及前置段塞大小对河间油田东营组区块空气泡沫驱的影响效果，下面要研究影响泡沫驱油的另一重要因素——注入方式。通常情况下，对于泡沫驱来说，注入方式有两种：气液混合注入和气液交替注入。因此，在最佳气液比1.0∶1.0配注条件下，还研究了不同空气泡沫段塞大小时，不同注入方式对河间油田东营组空气泡沫提高采收率的影响。

由图4－37可以看出，采用气液混合注入方式，河间油田东营组空气泡沫驱提高的采收率值，高于采用气液交替注入方式(图4－38、图4－39)。两种注入方式的提高采收率曲线均呈现相同的变化趋势，随着注入段塞的增加，采收率逐渐提高；在0.10～0.30PV范围内，提高采收率值增加的幅度较明显，混合注入方式从0.10PV时的5.34%OOIP增加到0.30PV时的10.22%OOIP，提高了4.88个百分点，交替注入方式从0.10PV时的4.94%OOIP增加到0.30PV时的8.83%OOIP，提高了3.89个百分点，混合注入方式提高采收率和其增加的幅度均高于交替注入方式。在0.30～0.50PV范围内，提高采收率上升趋势较为平缓，混合注入方式提高了1.14%，交替注入方式上升得更加平缓，仅提高了0.35%。因此，确定河间油田东营组油藏空气泡沫驱提高采收率的注入方式为气液混合注入(井底发泡)。

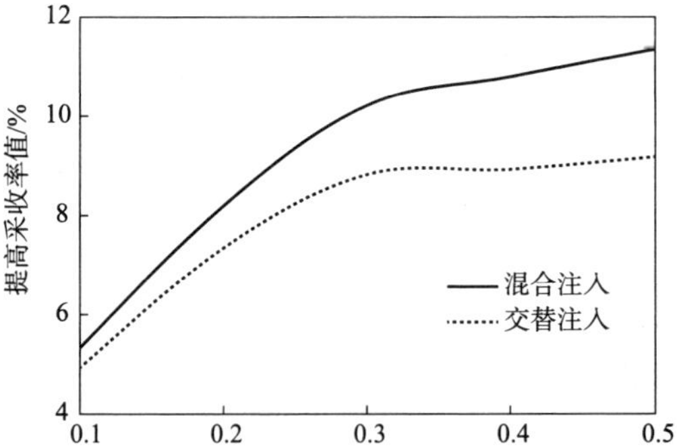

图4－37 注入方式对河间油田东营组空气泡沫驱油效果的影响

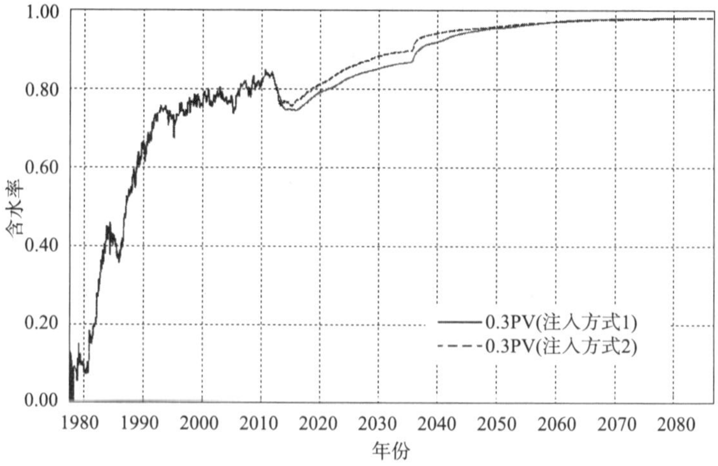

图4－38　主段塞为0.3PV时，两种不同注入方式下河间油田东营组空气泡沫驱含水率曲线

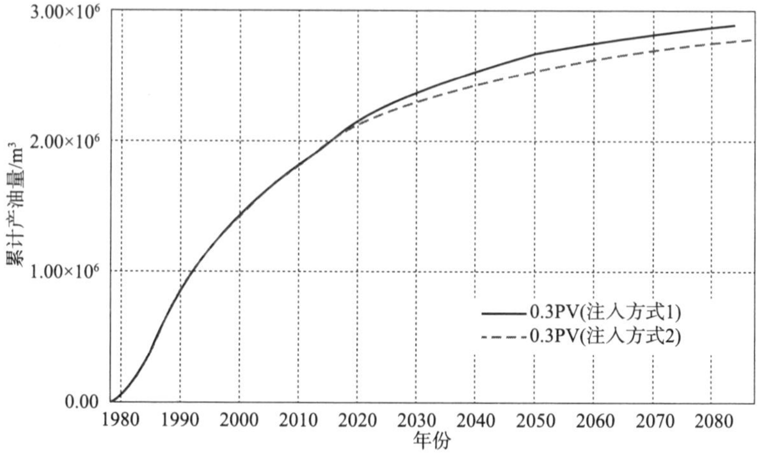

图4－39　主段塞为0.3PV时，两种不同注入方式下河间油田东营组空气泡沫驱累计产油量曲线

4.3.5　泡沫最佳方案的驱油效果评价

前面参数或条件的优化设计，可能有部分参数的起始条件不是最佳。为了得到最佳的注入程序及注入方式，有必要对最佳参数进行进一步的优化设计，以期得到河间油田东营组空气泡沫驱的最佳实施方案。

前面确定出的泡沫驱最佳参数为：泡沫主段塞起泡剂为XHY－4、有效浓度为0.10%、主段塞大小为0.30PV；前置段塞为0.2%（有效）×0.015PV；气液比为1.0∶1.0、气液混合注入、注入速度为目前实际工作制度下的速度。同时在上述参数的基础上，模拟计算了河间油田东营组空气泡沫驱驱油效果。

由表4－8可以看出，最优方案比水驱提高的采收率为10.72% OOIP，即增油量为55.38×10^4t，吨起泡剂增油量为73.35t，达到理想增油效果。此时，最佳方案与水驱预测到综合含水率为98%时的综合含水、累计产油和日产油等参数对比曲线如图4－40～图4－42所示。

表4－8　0.30PV下，最佳泡沫方案驱油效果主要参数

起泡剂用量/(t/t)(当量/实际)	提高采收率/% OOIP	增油量/10^4t	吨起泡剂增油量/t	综合指标
7550.57/3042.07	10.72	55.38	73.35	7.86

由图中可以看出，河间油田东营组泡沫驱实施方案自2014年5月1日起进行泡沫驱，于2014年9月1日，即注泡沫120d后，试验区综合含水率开始下降，到2018年10月1日，下降到最低综合含水率77.06%，下降11.49个百分点。之后，综合含水率开始上升，自2018年10月到2024年5月，共计67个月，试验区综合含水率基本保持在82%以下。到2039年7月注泡沫结束后，全区综合含水率上升至87.71%；此后转入后续水驱过程，由于泡沫驱的影响，全区综合含水率上升趋势较为平缓，整个注泡沫过程见效时间超过20年。同时，日产油量从2014年5月1日的62.62m^3/d上升到2016年3月1日的最大93.17m^3/d，最大日增油量为30.55m^3/d。

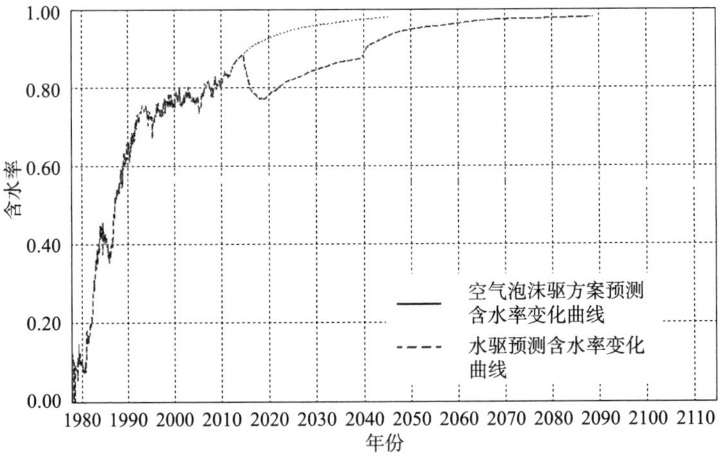

图4－40　河间油田东营组油藏空气泡沫驱方案与水驱预测含水率变化曲线

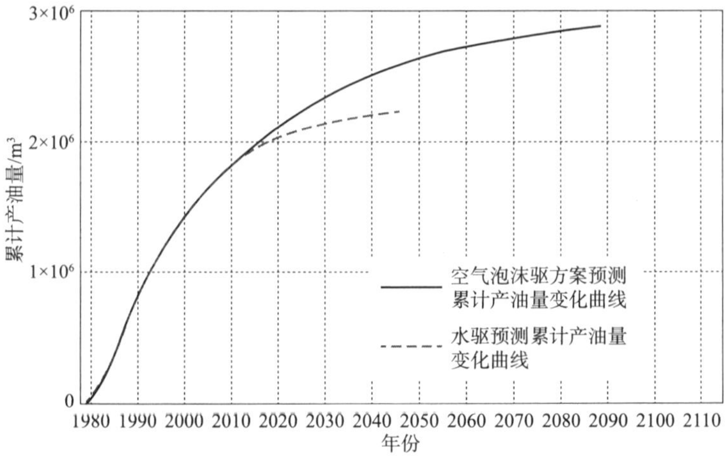

图 4-41 河间油田东营组油藏空气泡沫驱方案与水驱预测累计产油量变化曲线

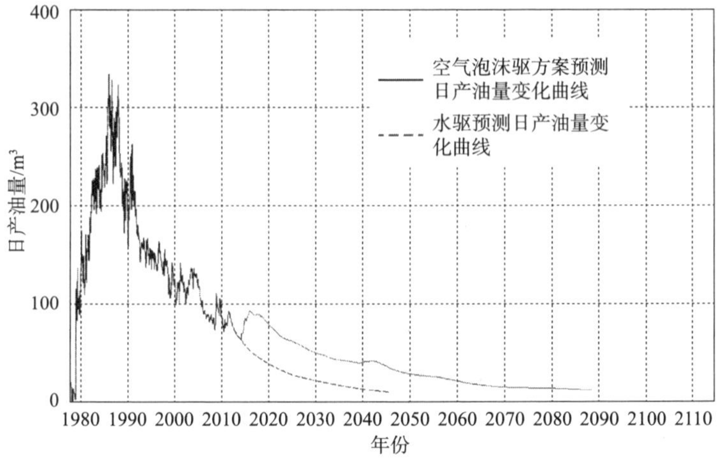

图 4-42 河间油田东营组油藏空气泡沫驱方案与水驱预测日产油量变化曲线

4.3.6 泡沫最佳方案的经济效果评价

根据上节所选空气泡沫驱最佳方案，对其进行了经济效益初步评价。

方案中，考虑华北油田实际，拟定于 2014 年 5 月 1 日起实施空气泡沫驱，综合含水率 98% 时比水驱预测增油量提高了 55.38×10^4t。

在不考虑现金流、利息以及注入站建设、人员工资、水电气费用等条件下，初步计算和评价了河间油田东营组油藏的投入产出比、总利润以及注泡沫时间段内每年的年利润。注泡沫的时间从 2014 年 5 月至 2039 年 7 月，计算这段时间内的投入产出比及总利润。项目效益较为理想：项目投入产出比为 5.79；利润率为 82.73%。

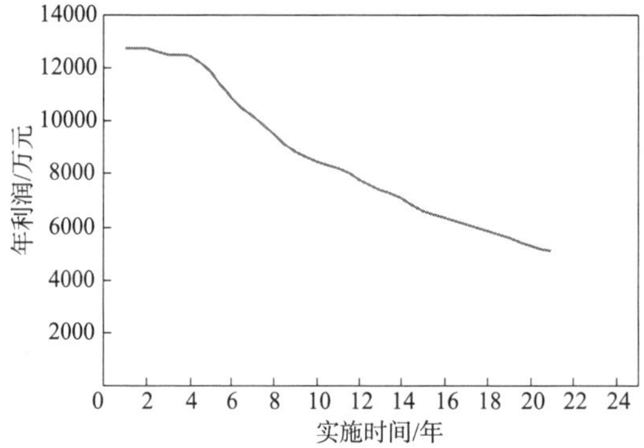

图 4－43　河间油田东营组空气泡沫驱年利润变化曲线

由图 4－43 可以看出，从 2014 年 5 月注泡沫开始，在 2015 年 8 月前置段塞注入结束后年利润为 12768.21 万元，2016 年利润相较于 2015 年基本保持平衡，达到 12767.95 万元，前两年的年利润为实施时间段内最大值；2017 年及 2018 年利润均在 12000 万元以上，相较于 2016 年利润有所下降，但下降的幅度较为平缓；自 2019 年 8 月后，即注泡沫实施 5 年后年利润下降的幅度逐渐增加，但年利润都维持在 12000 万元这一较高利润值左右。2019 年利润为 11912.15 万元，2020 年利润下降到 10905.54 万元，下降了 1006.61 万元；到 2027 年 8 月年利润为 7432.40 万元，相较于 2026 年下降了 352.35 万元，年利润在 2019—2027 年这一阶段内虽说下降幅度较大，但依然保持在高利润范围内。2028 年 8 月后，年利润下降的趋势相较于前 8 年幅度减小，2029 年利润为 6576.70 万元，2030 年利润下降到 6325.02 万元，下降值减小到 251.68 万元；2034 年利润达到 5267.98 万元，2035 年利润仅下降了 151.01 万元，利润下降值逐渐减小。分析年利润曲线变化(图 4－43)可知，利润在前 5 年最高，都保持在 12000 万元以上较高利润的水平。其中，在前两年，利润达到最大值，为 12768 万元。

4.3.7　泡沫驱方案小结

在对河间油田东营组油藏精细地质模型进行粗化之后，建立数值模拟运算的地质模型，完成水驱历史拟合及水驱效果预测；在此基础上进行空气泡沫驱注入方案的优化设计及效果预测。

(1)全区主力油层储量为 502.42×10^4t，数值模拟储量为 516.34×10^4t，误差为 2.77%；全区历史累计产油量为 160.92×10^4t，数值模拟累计产油量为 162.07×10^4t，误差为 0.71%；全区共有生产井 69 口，拟合较好和一般的井共 60 口，占全部模拟井的 87.0%，达到数值模拟水驱拟合符合实际情况井数 2/3 的要求；全区综合含水率达到 98% 时，模拟计算累计产油量为 192.77×10^4t，水驱采收率为 37.33%，与标定采收率(37.13%)相比，误差为 0.54%。

(2)河间油田东营组油藏空气泡沫驱最佳注入方案为：有效浓度为 0.10% 的

起泡剂 XHY－4、段塞为 0.30PV；前置段塞为 0.2%（有效）×0.015PV；气液比为 1.0：1.0、注入方式为气液混合注入、注入速度为目前实际工作制度下的速度。优化方案比水驱提高的采收率为 10.72% OOIP，即增油量为 55.38×10^4t，吨起泡剂增油量为 73.35t。

（3）空气泡沫驱在注泡沫阶段内的前 5 年年利润保持在 12000 万元高利润左右，其中在前两年达到利润最大值，为 12768 万元。随后年利润呈现下降趋势，下降的幅度随着年份的增加逐渐变平缓（注泡沫阶段）。投入产出比为 5.79，利润率为 82.73%。

4.4 配注工艺技术

数值模拟确定河间油田东营组油藏空气泡沫驱的最佳注入方案为：有效浓度为 0.10% 的起泡剂 XHY－4、段塞为 0.30PV；前置段塞为 0.2%（有效）×0.015PV；气液比为 1.0：1.0、气液混合注入、注入速度为目前实际工作制度的注入速度。为了确保空气泡沫驱先导性矿场试验能够顺利进行，同时为了对起泡剂、空气等进行准确控制和计量，对矿场试验的配注工艺及技术进行了研究。

大量实验研究表明，空气与起泡液混合注入时，将导致严重的腐蚀；甚至出现空气泡沫驱整体技术的经济效果较理想，但由于腐蚀严重而不能大规模推广应用的情况。因此，对于空气泡沫驱来说，研究发泡工艺技术具有重要意义。

空气泡沫驱注入工艺中，导致严重腐蚀的主要原因是空气中氧含量为 27%，当空气与水混合后，特别是与含有无机盐的起泡剂 XHY－4 混合时，同时存在严重的氧腐蚀和盐腐蚀。最终导致油管在短时间内产生严重腐蚀。

数值模拟结果表明，在相同条件下，泡沫驱气液混合注入的驱油效果好于气液交替注入的驱油效果。因此，在不影响空气泡沫驱油效果的同时，为了解决空气泡沫驱注入工艺中存在的腐蚀问题，河间油田东营组油藏空气泡沫驱注入工艺，采用气液分注、井底发泡的工艺技术（表 4－9、表 4－10）。其工艺流程如图 4－44 所示。

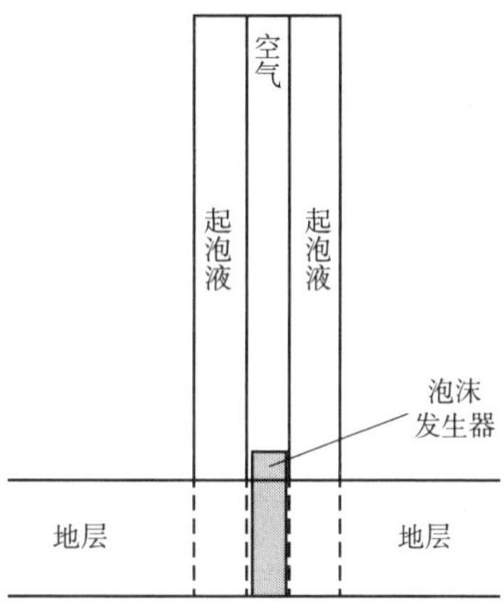

图 4－44 井底发泡工艺

该工艺的核心是采用油管注空气，套管注起泡剂溶液的方式，气、液在井底通过泡沫发生器高速旋转混合而产生泡沫，产生的泡沫被直接注入油层。因此，该方法避免了油管中空气与起泡液混合时产生的严重腐蚀，还实现了不影响空气泡沫驱提高采收率的驱油效果。

表 4-9 河间油田东营组油藏空气泡沫驱前置段塞（有效浓度 0.2% ×0.015PV）日注量统计表

井号	起泡液注入量(实际用量)				空气注入量		
	日注发泡液量/(m^3/d)	日用发泡剂量/(kg/d)	发泡液总注入量/10^4m^3	发泡剂总用量/t	地下日注量/(m^3/d)	地面日注量/(m^3/d)	地面总注量/10^4m^3
J113	27.57	55.13	1.26	25.19	28.38	4759	217.49
J115	17.94	35.87	0.82	16.39	18.47	3097	141.53
J119	12.84	25.68	0.59	11.74	13.22	2217	101.32
J121	17.68	35.36	0.81	16.16	18.20	3053	139.52
J125	12.92	25.84	0.59	11.81	13.30	2231	101.96
J127	40.59	81.17	1.85	37.09	41.79	7008	320.27
J145	11.72	23.43	0.54	10.71	12.06	2023	92.45
J148XN	28.98	57.95	1.32	26.48	29.83	5003	228.64
J157X1	29.00	57.99	1.33	26.50	29.85	5006	228.77
J169X	3.71	7.42	0.17	3.39	3.82	641	29.29
J186	7.07	14.14	0.32	6.46	7.28	1221	55.80
J201X	6.80	13.59	0.31	6.21	7.00	1173	53.61
J206X	27.61	55.21	1.26	25.23	28.42	4766	217.81
J211X	2.41	4.82	0.11	2.20	2.48	416	19.01
J220X	2.05	4.10	0.09	1.87	2.11	354	16.18
J235	24.97	49.93	1.14	22.82	25.7	4311	197.01
J238X	9.65	19.3	0.44	8.82	9.94	1666	76.14
J240X	27.27	54.53	1.25	24.92	28.07	4708	215.16
M63	3.30	6.60	0.15	3.02	3.40	570	26.05
合计	314.51	628.92	14.37	287.40	323.76	54297	2481.39

表 4－10 河间油田东营组空气泡沫驱主段塞
(有效浓度 0.1% ×0.30PV) 日注量统计表

井号	起泡液注入量(实际用量)				空气注入量		
	日注发泡液量/(m^3/d)	日用发泡剂量/(kg/d)	发泡液总注入量/10^4m^3	发泡剂总用量/t	地下日注量/(m^3/d)	地面日注量/(m^3/d)	地面总注量/10^4m^3
J113	27.57	27.57	24.15	241.47	28.38	4759	4169.29
J115	17.94	17.94	15.71	157.11	18.47	3097	2712.72
J119	12.84	12.84	11.25	112.48	13.22	2217	1942.09
J121	17.68	17.68	15.49	154.88	18.20	3053	2674.15
J125	12.92	12.92	11.32	113.18	13.30	2231	1954.19
J127	40.59	40.59	35.55	355.52	41.79	7008	6138.60
J145	11.72	11.72	10.26	102.62	12.06	2023	1771.93
J148XN	28.98	28.98	25.38	253.82	29.83	5003	4382.55
J157X1	29.00	29.00	25.40	254.00	29.85	5006	4385.58
J169X	3.71	3.71	3.25	32.50	3.82	641	561.15
J186	7.07	7.07	6.19	61.93	7.28	1221	1069.36
J201X	6.80	6.80	5.95	59.52	7.00	1173	1027.76
J206X	27.61	27.61	24.18	241.82	28.42	4766	4175.34
J211X	2.41	2.41	2.11	21.11	2.48	416	364.52
J220X	2.05	2.05	1.80	17.96	2.11	354	310.07
J235	24.97	24.97	21.87	218.69	25.70	4311	3776.03
J238X	9.65	9.65	8.45	84.53	9.94	1666	1459.59
J240X	27.27	27.27	23.88	238.84	28.07	4708	4123.91
M63	3.30	3.30	2.89	28.91	3.40	570	499.13
合 计	314.51	314.51	275.47	2754.67	323.76	54297	47563.01

5　高 30 块泡沫改善水驱提高采收率技术

5.1　高 30 块泡沫体系筛选

5.1.1　高温常压泡沫体系筛选

5.1.1.1　起泡剂浓度对泡沫体系的影响

1)起泡体积

将实验室内温度 30℃条件下筛选出的 6 种起泡剂在 113℃条件下进行泡沫体系参数性能评价。由图 5－1 可知，随着起泡剂有效浓度的增加，6 种起泡剂的起泡体积逐渐上升，趋势基本一致。以强品化工和浩宇化工为例，当有效浓度为 0.02%时，强品化工起泡剂的起泡体积为 450mL，可见在浓度较低的情况下，强品化工就表现出很强的起泡能力；在起泡剂有效浓度从 0.02%至 0.1%逐渐上升的过程中，强品化工起泡剂起泡能力缓慢上升；当有效浓度为 0.1%时，达最大起泡体积 570mL。在相同条件下，浩宇化工起泡剂的起泡能力略低于强品化工，当有效浓度在 0.02%～0.1%之间时，浩宇化工起泡剂的起泡能力逐渐上升，当有效浓度为在 0.02%和 0.1%时，起泡体积分别为 360mL 和 490mL。

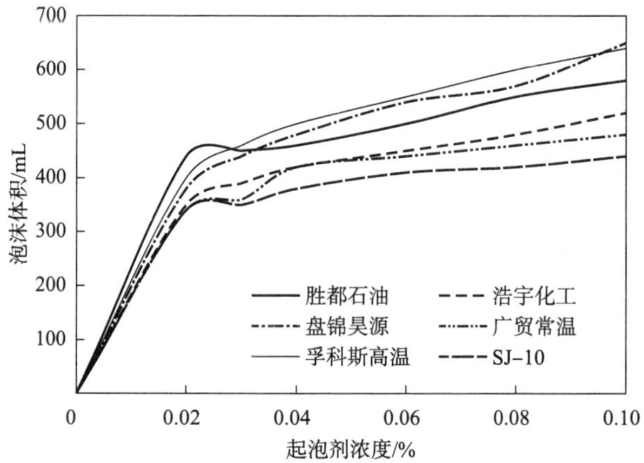

图 5－1　不同起泡剂和浓度条件下的起泡体积

2)泡沫半衰期

泡沫半衰期是泡沫体积消去一半所需要的时间，反映了泡沫体系的稳定性。从图5－2可以看出，同一种起泡剂的泡沫半衰期随着起泡剂浓度的升高而不断上升，达到某一浓度后上升速度变慢，一种起泡剂有一个最佳浓度，能使其产生的泡沫体系的泡沫半衰期达到最大值。以泡沫半衰期最长的浩宇化工为例，当有效浓度小于0.03%时，其泡沫半衰期随着有效浓度的增加急剧上升；当有效浓度等于0.03%时，为1310s，约为有效浓度0.02%时的两倍；当有效浓度大于0.03%时，随着有效浓度的增加，其泡沫半衰期缓慢上升，并在有效浓度为0.1%时达到最大值2000s。

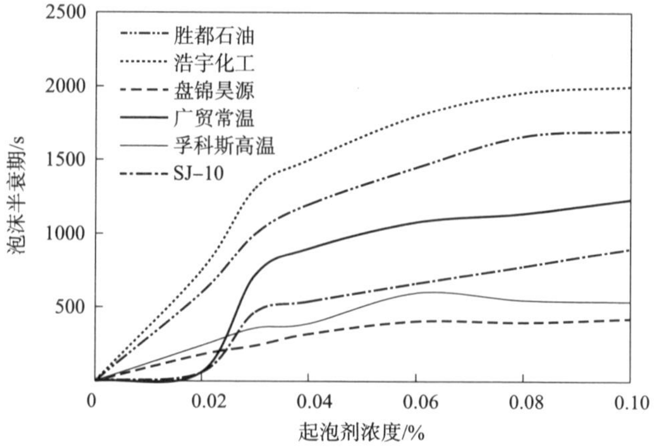

图5－2　不同起泡剂和浓度条件下的泡沫半衰期

3)泡沫综合指数

从图5－3可以看出，泡沫性能最好的起泡剂为浩宇化工，随着有效浓度的增加，其泡沫综合指数逐渐增加，且增幅较大。当有效浓度为0.02%时，其泡沫综合指数为262500mL·s；有效浓度增加到0.1%时，泡沫综合指数最大，为1.04×10^6mL·s。其次为强品化工起泡剂，其泡沫综合指数随有效浓度的变化趋势与浩宇化工起泡剂一致，有效浓度为0.02%和

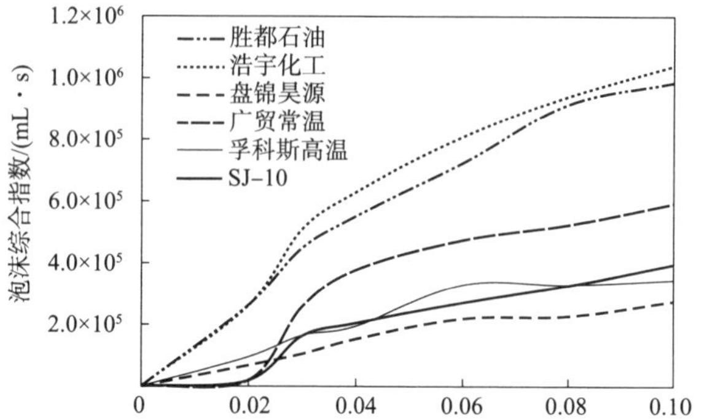

图5－3　不同起泡剂和浓度条件下的泡沫综合指数

0.1%时，泡沫综合指数分别为264000mL·s和986000mL·s。

5.1.1.2 原油浓度对泡沫体系的影响

将华北油田高30块的原油加热至113℃，同样选取强品化工起泡剂配制成浓度分别为0.03%、0.05%和0.1%的起泡剂溶液，然后将原油按不同比例加入配制好的起泡剂溶液中，运用Waring Blneder法进行搅拌，最后在113℃下观察测定不同液油比条件下起泡剂的起泡能力和半衰期等性能参数。

1)泡沫体积

由图5-4可以看出，液油比越大，起泡剂的起泡能力越差，而且起泡剂的浓度越低，这种现象越明显。强品化工在低浓度下，当1%<液油比<1.5%时，起泡能力急剧下降；强品化工在高浓度下，随着液油比的增加，起泡能力也逐渐下降；当液油比增至1.5%时，仍具有一定的起泡能力。

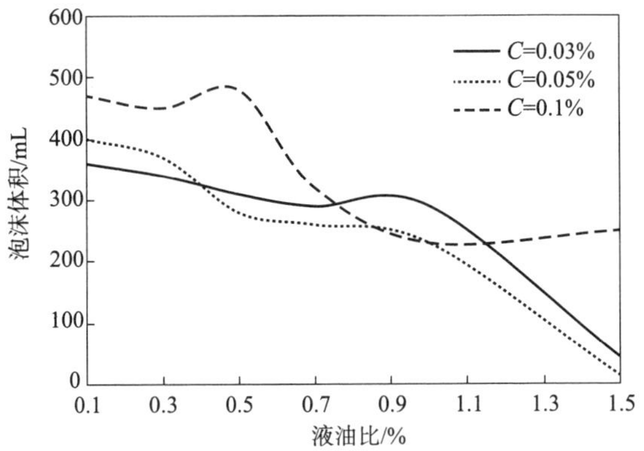

图5-4 强品化工在不同液油比和浓度条件下的泡沫体积

2)泡沫半衰期

由图5-5可以看出，当液油比≤0.5%时，浓度为0.03%和0.05%的泡沫半衰期急剧下降，之后随着液油比的增加，泡沫半衰期基本不再变化；当液油比≤0.7%时，浓度为0.1%的泡沫半衰期急剧下降，之后随着液油比的增加，泡沫半衰期基本不再变化。随着液油比的增加，泡沫半衰期逐渐下降；当液油比在1%~1.5%范围内时，泡沫半衰期又逐渐上升，这是由于在加入更多的原油后，起泡剂的起泡能力更差，泡沫体积很小，液体瞬间返回初始液体值，故泡沫破灭主要来自上层泡沫的自然消泡，与返液基本无关，故泡沫消到初始泡沫体积一半所需的时间变长；在浓度为0.05%和0.03%时，其泡沫半衰期的拐点上升值对应的液/油比分别为0.5%和0.7%。

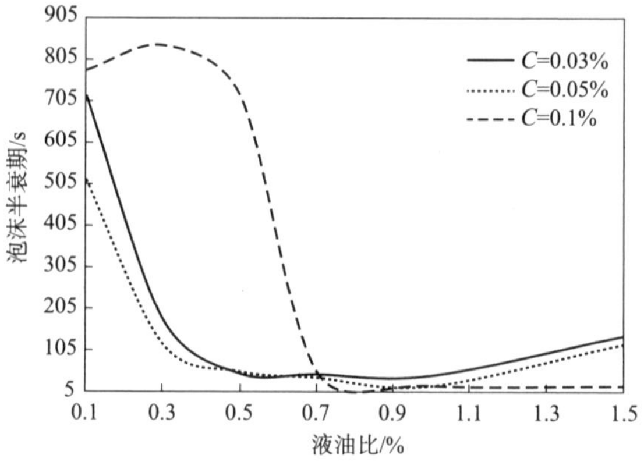

图5－5 强品化工在不同液油比和浓度条件下的泡沫半衰期

3）泡沫综合指数

由图5－6可以看出，在加原油条件下，强品化工的泡沫综合指数同其泡沫半衰期曲线具有相同的变化趋势。

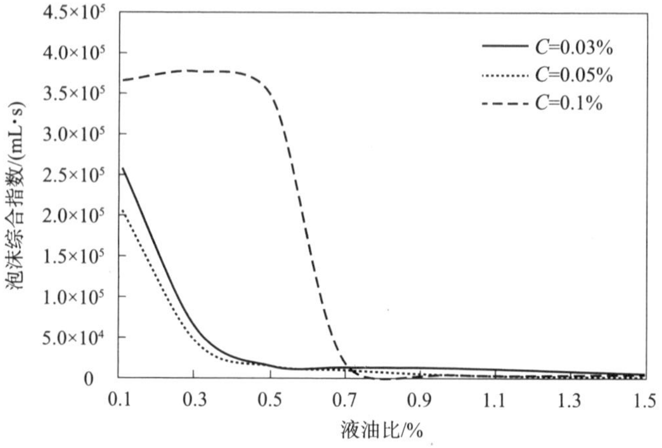

图5－6 强品化工在不同液油比和浓度条件下的泡沫综合指数

5.1.1.3 主要结论

（1）最终优选出起泡气体为空气，起泡剂为强品化工，最低起泡浓度为0.02%。根据室内评价结果，确定使用浓度0.1%（有效浓度）。

（2）通过改变液油比，强品化工起泡剂的泡沫性能参数受液油比的影响很大，液油比越高，起泡效果越差。

5.1.2 高温高压下泡沫体系评价

将在高温常压下筛选的起泡性能最好的起泡剂强品化工，用高压泡沫评价装置对泡沫的性能进行评价。其中起泡气体选择空气，分别在起泡剂有效浓度为0.02%、0.06%、0.08%和0.1%，压力设定为5MPa、10MPa和15MPa的条件下对泡沫的相关参数进行了记录和测定，并且在相同的压力、不同气液比条件下进行初步实验，评价气液比对泡沫性能的影响。

5.1.2.1 压力对泡沫参数的影响

在起泡剂有效浓度分别为0.02%、0.06%和0.10%条件下，测定了空气泡沫体积、泡沫半衰期。

由图5-7、图5-8可以看出，在相同的压力(5MPa、10MPa、15MPa)条件下，起泡剂(有效)浓度越高，发泡体积越大、泡沫半衰期越长；在起泡剂浓度相同(0.02%、0.06%和0.10%)条件下，压力越高，发泡体积越大、泡沫半衰期越长。当0.1MPa≤压力≤5MPa时，压力对发泡体积、泡沫半衰期的影响最大；当压力≥5MPa时，压力对发泡体积、泡沫半衰期的影响较小。趋势与常压下(起泡剂的泡沫体积和泡沫半衰期等参数随着浓度的增加而逐渐增大)基本一致。

值得注意的是，当压力在0.1~5MPa范围内，随着压力的增高，发泡体积增加的幅度较大，当压力在5~15MPa范围内，随着压力的增高，发泡体积增加的幅度不再增加。也就是说，当压力≥5MPa时，压力对起泡液的发泡体积已经没有影响。因此，后面有关压力的实验，确定在10MPa下进行。当压力在0.1~5MPa范围内，起泡剂浓度越高，随着压力的增高，泡沫半衰期增加的幅度也越高。

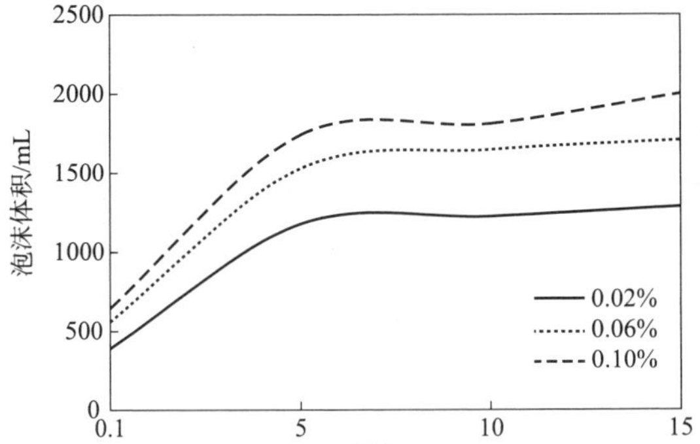

图5-7 压力及起泡剂浓度对空气泡沫体积的影响

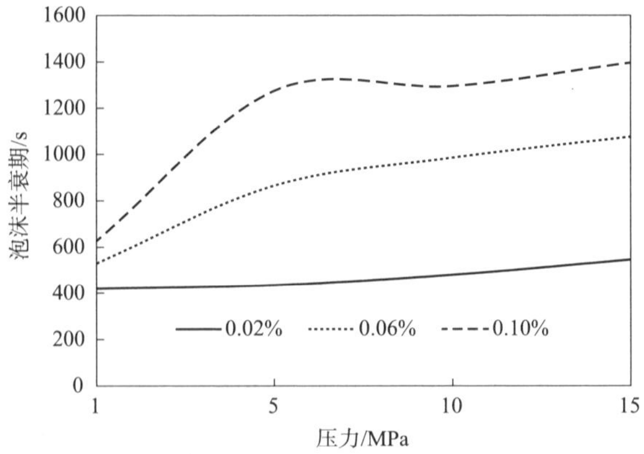

图5-8 压力及起泡剂浓度对空气泡沫半衰期的影响

5.1.2.2 起泡剂浓度对泡沫参数的影响

在实验过程中分别选定了3种压力大小：5MPa、10MPa和15MPa。同样在油藏温度条件下记录和测定上述相关的泡沫参数，并且和常压下记录的数据进行对比，绘制了对应的曲线图。

由图5-9、图5-10可以看出，起泡剂浓度对空气泡沫的发泡体积、泡沫半衰期的影响较大，为开口向下的抛物线。当起泡剂浓度在0.02%~0.08%(有效浓度)范围内，随着浓度的增加，空气泡沫的发泡体积越大、泡沫半衰期也就越长。在起泡剂浓度为0.08%(有效浓度)时，达到最大值。当起泡剂浓度≥0.08%(有效浓度)后，随着浓度的增加，空气泡沫的发泡体积减小、泡沫半衰期变短。

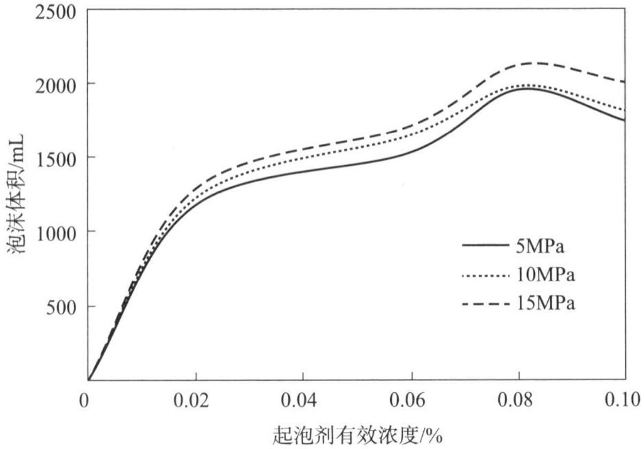

图5-9 不同压力下，起泡剂浓度对泡沫体积的影响

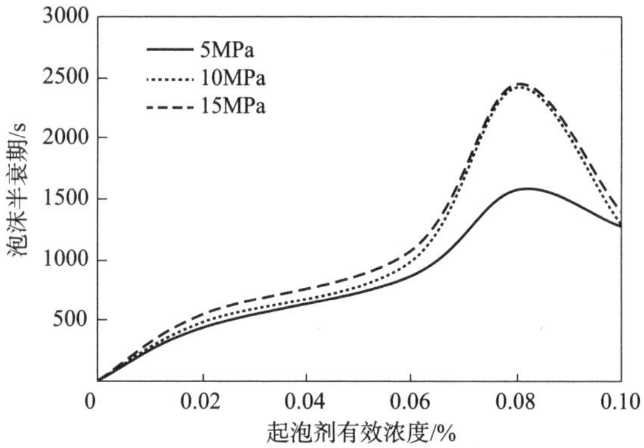

图 5－10　不同压力下，起泡剂浓度对泡沫半衰期的影响

5.1.2.3　不同气液比下泡沫性能参数

在了解了起泡剂的有效浓度和压力对泡沫参数性能的影响后，又在改变气液比的条件下对泡沫的参数进行了测定。其中选取的气液比分别为 2∶1、1.5∶1 和 1∶1，在相同的压力条件(5MPa)和温度 113℃下进行实验。

由图 5－11～图 5－12 可以看出，随着气液比的增大，单位泡沫体积(单位泡沫体积指 100mL 发泡液产生的泡沫体积)随之增大。随着泡沫质量的增加，泡沫的起泡能力增强，在气液比较高的情况下能够产生高质量的泡沫。泡沫半衰期同样随着气液比的增加而逐渐增大，在气液比达到 1.5∶1 之后，起泡剂有效浓度为 0.1% 和 0.02% 时，泡沫半衰期增加比较缓慢，主要是泡沫因液体析出变薄而破裂。析液半衰期也随着气液比的增加而增大，且浓度越高，时间越长。因此，气液比对泡沫性能的影响较为明显。

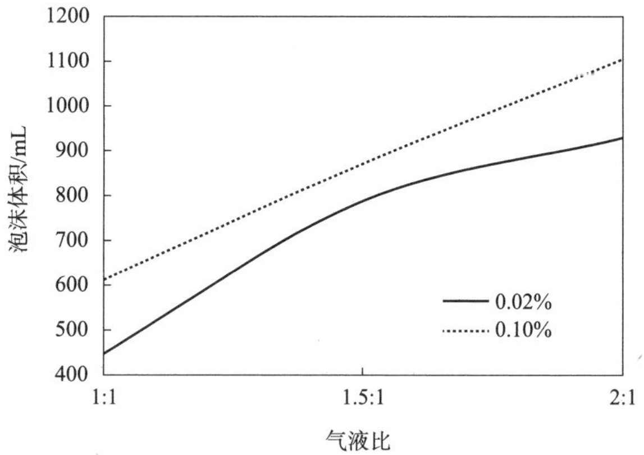

图 5－11　气液比对泡沫体积的影响

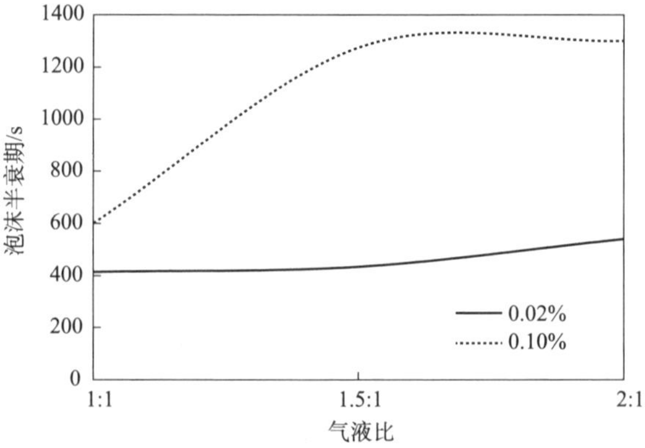

图 5－12　气液比对泡沫半衰期的影响

5.1.2.4　泡沫的起泡速度和消泡速度

与高温高压条件相比，常温常压条件下泡沫的稳定性强于高温高压。高 30 块油藏是温度达到 113℃的高温油藏。温度在 113℃下，泡沫的起泡及消泡速度的相对快慢，是泡沫驱油效果的主要影响因素。

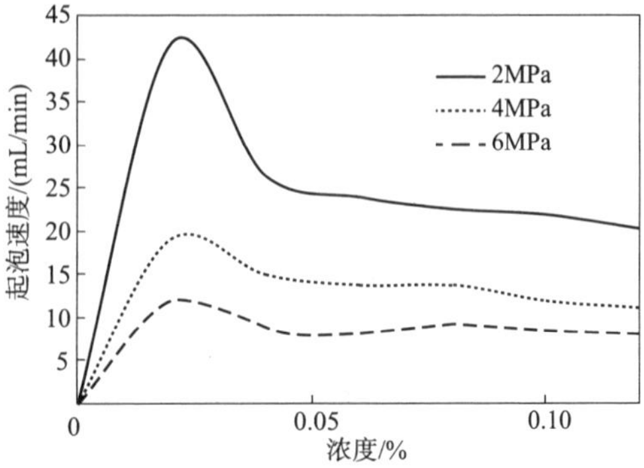

图 5－13　强品化工起泡剂的起泡速度与浓度的关系曲线

由图 5－13 可知，当起泡剂浓度升高时，泡沫越来越稳定。反之，泡沫在地层中向前运移的过程中受到吸附使起泡剂浓度降低，当起泡剂浓度从 0.12% 降到 0.04% 的过程中，由于起泡剂浓度降低所引起的泡沫的消泡速度的升高程度有限(图 5－14、图 5－15)。

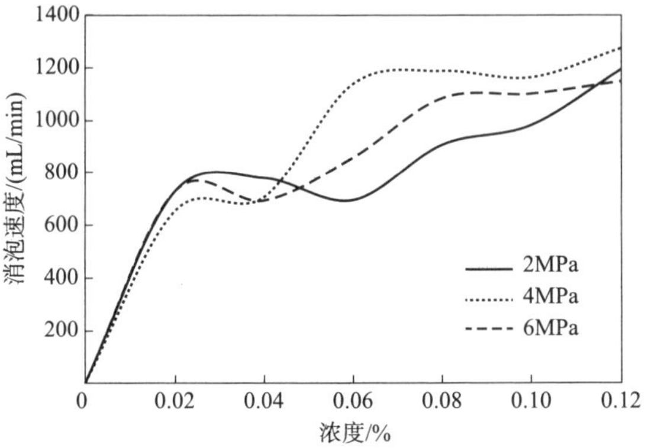

图 5－14　强品化工起泡剂的消泡速度与浓度的关系曲线

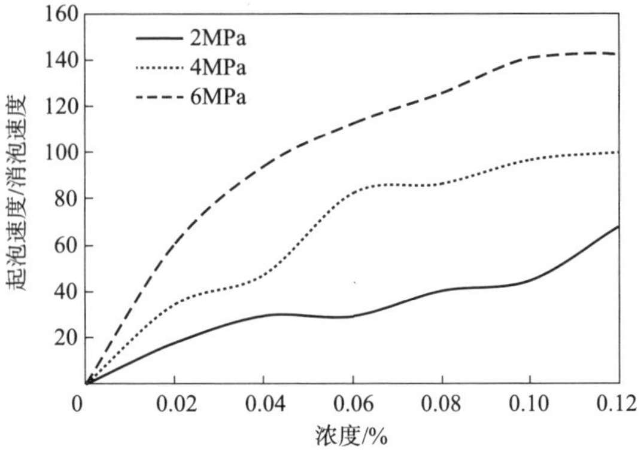

图5－15　强品化工起泡剂起泡速度与消泡速度的比值与浓度的关系

5.1.2.5　主要结论

(1)高温高压条件下，空气作为起泡气体，泡沫体积、泡沫半衰期均比高温常压下好；析液半衰期没有明显的变化，略微有所下降。通过上述实验结果表明，随着压力的增加，泡沫体系的稳定性越好。

(2)在实验室静态实验中，高温高压条件下，泡沫的起泡速度远大于泡沫的消泡速度，且随着压力的增高，起泡剂浓度的升高，泡沫的稳定性也上升，半衰期越长，泡沫的消泡时间越长，消泡速度越小，而起泡速度越快。

5.1.3　泡沫体系稳定剂及老化实验

以不同种聚合物作为稳泡剂，测试温度在113℃下起泡剂的各项参数。

5.1.3.1　起泡体积

图5－16反映了加入四种稳泡剂之后，强品化工起泡剂起泡体积随有效浓度变化的趋势。由图中可以看出，加入稳泡剂后，稳泡剂浓度对起泡体积的影响并不一致，具有波动性。在稳泡剂浓度不同的情况下，加入HPAM[相对分子质量为1.6×10^7(不含)~1.9×10^7]后，起泡剂的起泡体积最大。

5.1.3.2　泡沫半衰期

图5－17反映了加入四种稳泡剂之后，强品化工起泡剂泡沫半衰期随有效浓度变化的趋势。由图中可以看出，在稳泡剂浓度较低，小于1000mg/L时，HPAM(相对分子质量为1.2×10^7~1.6×10^7)效果较好；当稳泡剂浓度大于1000mg/L时，则是HPAM[相对分子质量为1.6×10^7(不含)~1.9×10^7]效果较好。

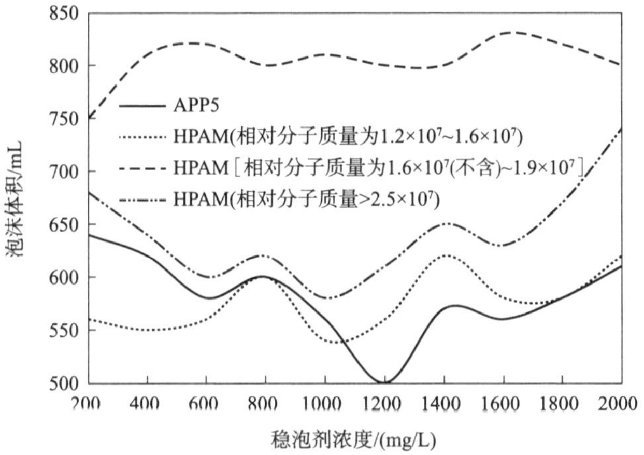

图5－16 稳泡剂浓度对强品化工起泡剂起泡体积的影响

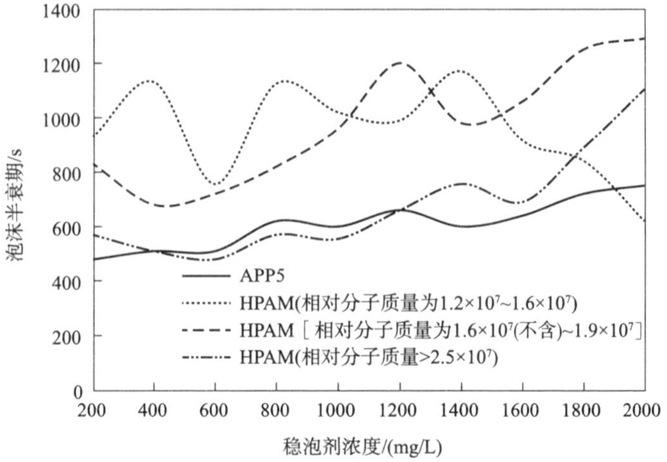

图5－17 稳泡剂浓度对强品化工起泡剂泡沫半衰期的影响

5.1.3.3 泡沫综合指数

图5－18反映了加入四种稳泡剂之后，强品化工起泡剂泡沫综合指数随有效浓度变化的趋势。由图中可以看出，在加入HPAM(相对分子质量为1.6×10^7～1.9×10^7)稳泡剂后，强品化工起泡剂泡沫综合指数效果最好，浓度在200～1200mg/L之间变化时，泡沫综合指数由622500mL·s增加到960000mL·s；浓度为2000mg/L时，其泡沫综合指数为1032000mL·s。其他三种则效果偏低。由图中可知，稳泡效果最好的都是HPAM[相对分子质量为1.6×10^7(不含)～1.9×10^7]。

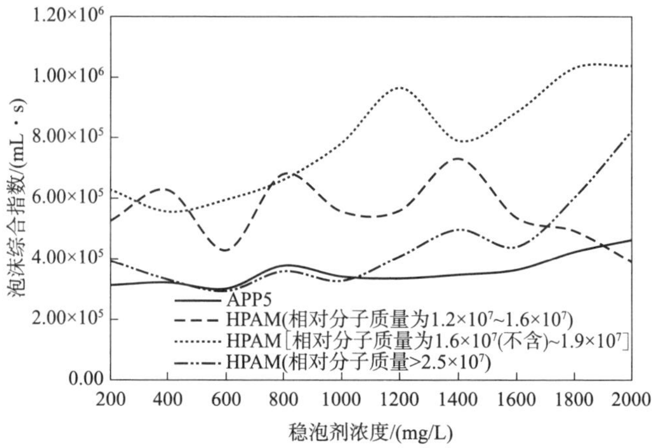

图5-18 稳泡剂浓度对强品化工起泡剂泡沫综合指数的影响

5.1.4 空气泡沫驱单管实验

5.1.4.1 浓度对泡沫在孔隙介质中特性的影响

填砂管孔隙体积为700mL，孔隙度为28.6%，渗透率为$463\times10^{-3}\mu m^2$。

由图5-19可以看出，RF_{12}为填砂管上压力表1与压力表2之间的填砂管阻力系数，同理，RF_{23}、RF_{34}分别为压力表2与压力表3、压力表3与压力表4之间的阻力系数，RF_{14}为整个填砂管的阻力系数。

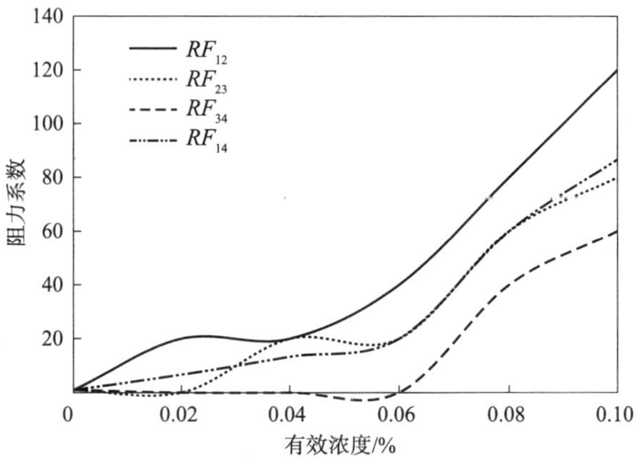

图5-19 阻力系数与起泡体系有效浓度的关系曲线

由图中看出，当起泡剂有效浓度在0.02%~0.06%之间逐渐增加时，阻力系数RF_{12}、RF_{23}以及RF_{14}略有小幅度上升。如RF_{12}由浓度仅为0.02%时的7.2小幅增大到浓度为0.06%时的16.2；RF_{14}由浓度为仅0.02%时的2.3小幅增大到浓度为0.06%时的6.8；当起泡剂有效浓度在0.06%～0.10%之间逐渐增加时，阻力系数RF_{12}、RF_{23}以及RF_{14}明显上升。如RF_{12}由浓度为0.06%时的16.2大幅度增大到浓度为0.10%时的45.7；RF_{14}由浓度为0.06%时的6.8急剧增大到浓度为0.06%时的31.4。这说明起泡剂有效浓度为0.02%～0.06%时，形成的泡沫对填砂管的封堵作用不明显；当起泡剂有效浓度大于0.06%时，阻力系数较大。此时，泡沫在填砂管中形成的泡沫体系，具有理想的封堵作用。

对于填砂管最后一段岩芯来说，当起泡剂浓度在0.02%～0.06%之间时，阻力系数$RF_{34}=0$，说明该段岩芯中没有泡沫形成；当有效浓度≥0.06%时，该段岩芯形成泡沫，且泡沫强度随着浓度的增高而增大。

此外，图5－19还表明，有效浓度越高，阻力系数越大；对于交替注入方式来说，距入口端越近，阻力系数越大。证明泡沫的起泡速度＜消泡速度。

5.1.4.2 气液比对泡沫在孔隙介质中特性的影响

气液比是影响泡沫性能的重要参数。同样，RF_{12}为填砂管上压力表1与压力表2之间的填砂管阻力系数，RF_{23}、RF_{34}分别为压力表2与压力表3、压力表3与压力表4之间的阻力系数，RF_{14}为整个填砂管的阻力系数。

由图5－20可以看出，曲线趋势为抛物线，当气液比为1.2∶1时有最大阻力系数75，即最佳气液比为1.2∶1。

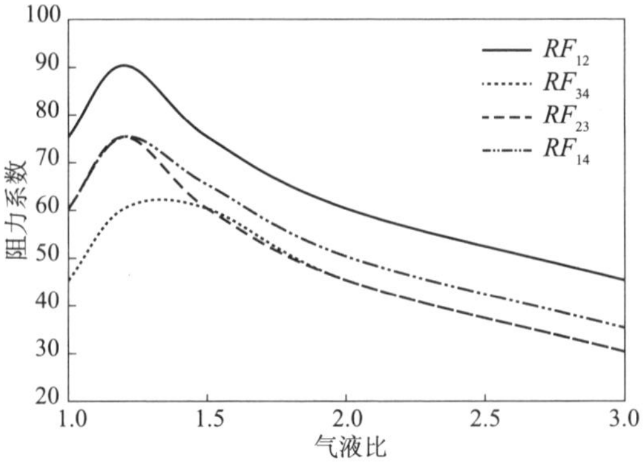

图5－20 阻力系数与气液比的关系曲线

填砂管孔隙体积为700mL，孔隙度为28.6%，渗透率为$463\times10^{-3}\mu m^2$。起泡剂XHY－4有效浓度为0.10%。结果表明，RF_{12}、RF_{23}、RF_{34}及RF_{14}曲线为开口向下的抛物线。当气液比为1.2∶1时，阻力系数最高，最大值分别为90.2、75、75及61.4，即空气泡沫驱的最佳气液比为1.2∶1(地下温度及压力条件下)。

5.1.4.3 渗透率对泡沫在孔隙介质中渗流特性的影响

由图5－21可以看出，当渗透率较小时，阻力系数与渗透率成正比；当渗透率大于$463\times10^{3}\mu m^{2}$后，阻力系数趋于稳定，渗透率的改变对阻力系数的影响较小。

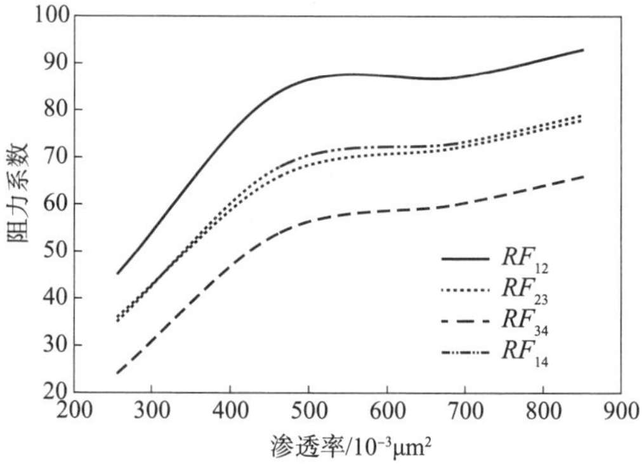

图5－21 阻力系数与渗透率关系曲线

5.1.4.4 渗流线速度对泡沫在孔隙介质中特性的影响

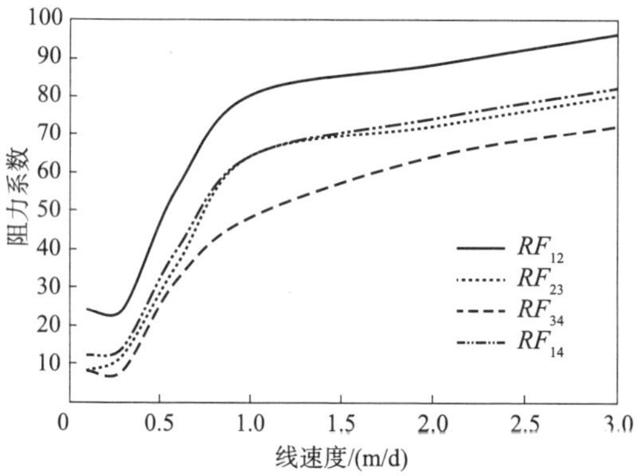

图5－22 阻力系数与注入线速度的关系曲线

填砂管孔隙体积为800mL，孔隙度为35.3%，渗透率为$441\times10^{-3}\mu m^{2}$，实验效果如下。

由图5－22可以看出，注入线速度与阻力系数呈正相关关系。在注入线速度较小时，阻力系数增加较快，说明注入线速度已经超过临界阻力线速度，即临界起泡线速度小于0.3m/d；但随着注入线速度的增加，孔隙介质中泡沫形成量达到饱和后，阻力系数的增加趋势开始逐渐减缓。

5.1.4.5 含油饱和度对泡沫在孔隙介质中渗流特性的影响

图5－23给出了不同含油饱和度对起泡剂起泡性能的影响(孔隙度为23%～30%，渗透率为300×10^{-3}～$700\times10^{-3}\mu m^{2}$)。由图中可以看出，含油饱和度为0时，填砂管阻力系数为58，此时起泡效果明显，泡沫对孔隙介质有较好的封堵能力；含油饱和度小于16%时，阻力系数随含油饱和度的升高降低幅度较小，此时起泡剂仍能起泡；含油饱和度为16%～25%时，阻力系数急剧降低；当含油

饱和度大于25%时，阻力系数随含油饱和度的升高变化较小，此时泡沫封堵能力减小。

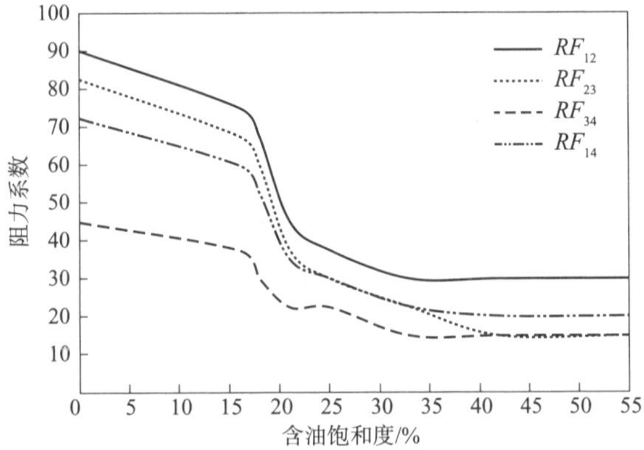

图5-23 阻力系数随含油饱和度变化曲线

5.2 高30块油藏数值模拟

5.2.1 地质模型的建立

由于模拟区内井多而密集，划分平面网格时应避免一个网格内出现两口井，保证网格的主传导率方向平行于水驱推进方向；平面网格细分为312×240，网格采用等间距，间距为20m。在纵向上，该模拟区共分为9个沉积单元，根据各个沉积单元的储量和各单元间的隔层分布状况，并根据网格粗化原则，将9个沉积单元拆分为12个模拟层，因此，共有312×240×12=898560个节点(图5-24)。

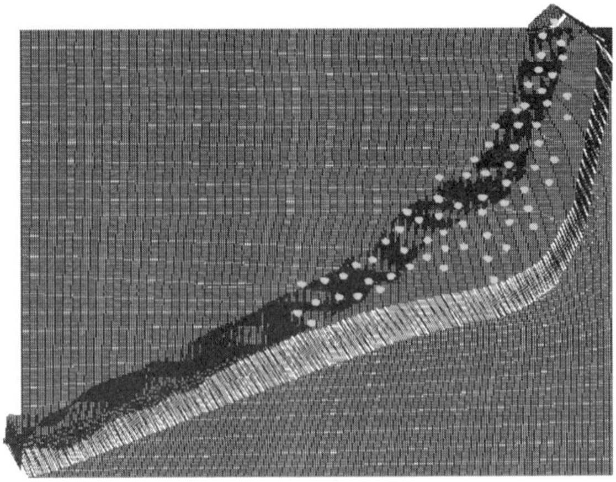

图5-24 高30断块地质模型平面图

5.2.2 地质储量的拟合

在对模拟区内的小断层、8 个砂体的油水界面进行精细拟合的基础上，对各模拟层的地质储量进行了拟合。表 5 - 1 给出了由油藏工程方法得到的地质储量与拟合结果，地质储量的拟合误差为 5.17% ，因此，计算基础可靠。

根据各模拟层的有效厚度、渗透率、含油面积及地质储量(表 5 - 1)可以看出，沙二段(Es_2)油组第 9 模拟层、第 10 模拟层和沙一段(Es_1)第 1 模拟层为主要生产层，油层厚度大，渗透率高，含油面积大，其次为第 8 模拟层和第 12 模拟层。

表 5 - 1　模拟地质储量与油藏工程方法计算的储量对比

<table>
<tr><th>模拟层号</th><th>拟合储量/10^4m^3</th><th>小层号</th><th>油藏工程方法计算储量/10^4m^3</th></tr>
<tr><td>1</td><td rowspan="3">14.27</td><td rowspan="3">Es_1 上</td><td rowspan="3">14.325</td></tr>
<tr><td>2</td></tr>
<tr><td>3</td></tr>
<tr><td>4</td><td rowspan="4">47.52</td><td rowspan="4">Es_1 下</td><td rowspan="4">46.2381</td></tr>
<tr><td>5</td></tr>
<tr><td>6</td></tr>
<tr><td>7</td></tr>
<tr><td>8</td><td rowspan="5">390.90</td><td>Es_2 1</td><td rowspan="5">369.8574</td></tr>
<tr><td>9</td><td>Es_2 2</td></tr>
<tr><td>10</td><td>Es_2 3</td></tr>
<tr><td>11</td><td>Es_2 4</td></tr>
<tr><td>12</td><td>Es_2 5</td></tr>
<tr><td>合计</td><td>452.69</td><td></td><td>430.4205</td></tr>
</table>

5.2.3 水驱历史拟合

水驱历史拟合时间从 1992 年 11 月投产开始，截至 2012 年 7 月。图 5 - 25 ~ 图 5 - 29 分别给出了全区累计产液量、综合含水率、日产液、日产油和日注水的历史拟合曲线。拟合结果表明，拟合阶段数值模拟计算的采油量为 861514.69m^3，油井实际产油量为 921095.87m^3，实际产油量比拟合产油量高 59581.18m^3，相对误差 - 6.47% ，两者基本吻合；水驱阶段模拟的采出程度为

19.03%，比实际采出程度低1.31个百分点。

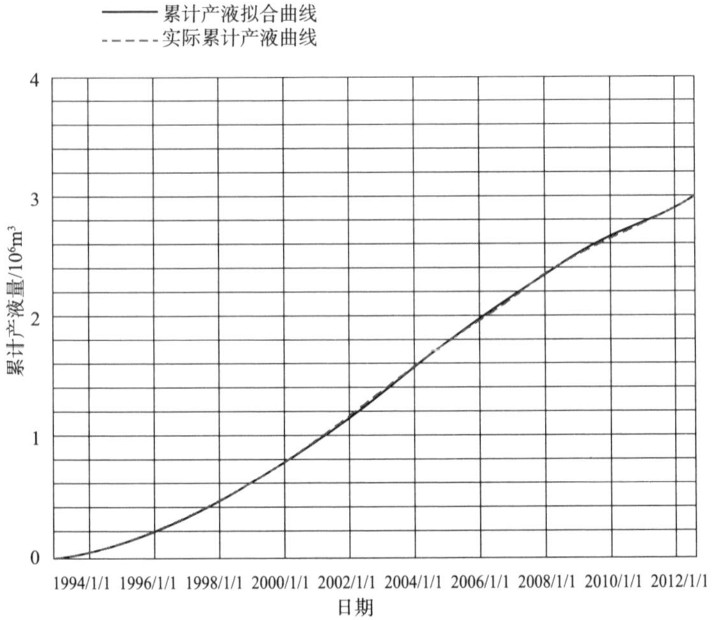

图5－25 全区累计产液量历史拟合曲线

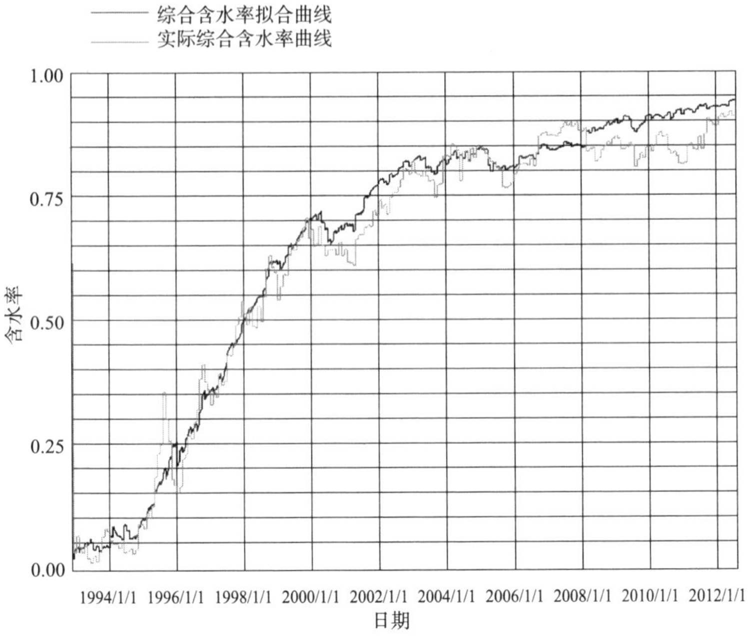

图5－26 全区综合含水率历史拟合曲线

图 5－27　全区日产液量历史拟合曲线

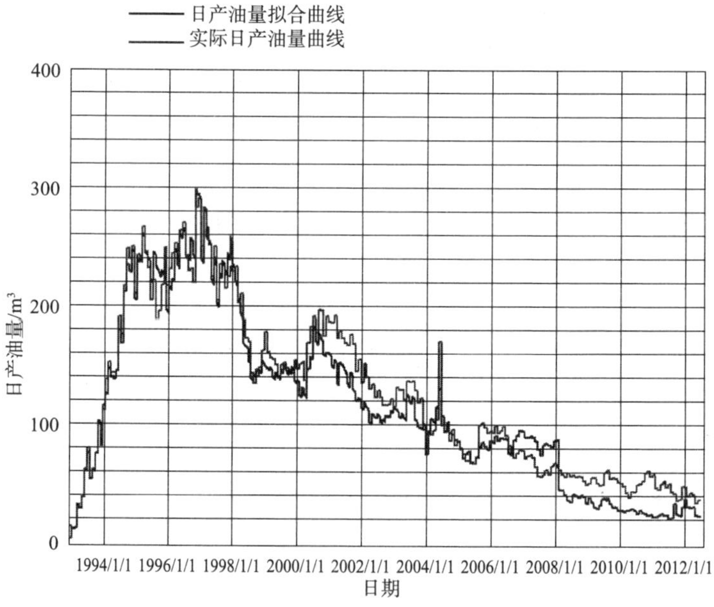

图 5－28　全区日产油量历史拟合曲线

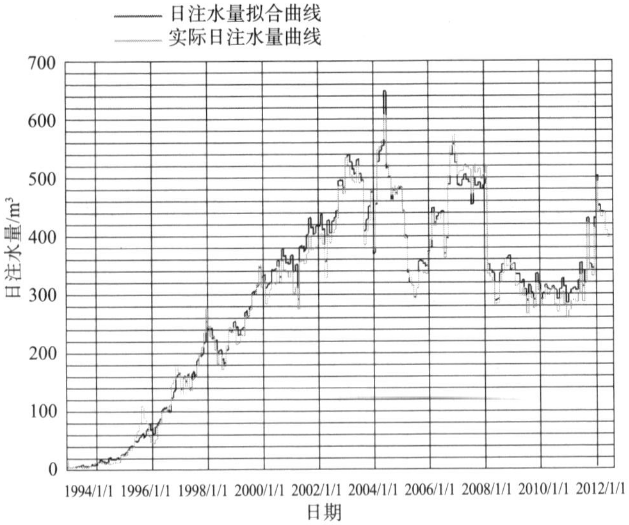

图 5－29　全区日注水量历史拟合曲线

5.2.4　水驱预测

图 5－30 给出了配产配注方案的现有工作制度不变条件下的水驱预测结果，截至 2046 年 4 月 5 日，全区综合含水将上升到 98% 的水驱经济极限，水驱最终采收率为 27.51%，与标定采收率 29% 相比，误差为 5.1%，累计产出原油量为 $122.91\times10^4m^3$。

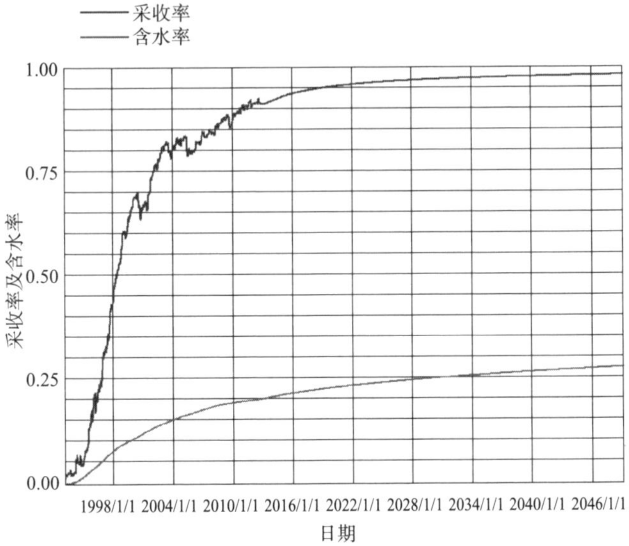

图 5－30　现有工作制度下的水驱预测效果

5.2.5 泡沫驱注入方案及效果预测数值模拟

空气泡沫驱的注入方式、注入段塞大小以及注入程序等的优化设计研究（表5-2），不仅可以使空气泡沫驱达到最佳的驱油效果，还可以提高起泡剂的利用率，大幅提高泡沫驱的整体技术经济效果，因此，是泡沫驱实施方案优化设计研究的重点。

表5-2 水井日注量统计

注入井	日注液量/(m^3/d)	日注气量(地面)/(m^3/d)
G30-11	10.42	2251
G30-14X	15.75	3401
G30-16X	15.35	3315
G30-22	13.14	2838
G30-28	0.73	158
G30-29	4.47	965
G30-31	20.73	4476
G30-34	15.17	3277
G30-35	12.86	2777
G30-38X	15.55	3358
G30-39X	7.17	1550
G30-41X	20.80	4492
G30-43X	10.31	2227
G30-44	25.33	5470
G30-49	12.73	2750
G30-5	8.54	1845
G30-53X	12.80	2765
G30-64X1	19.83	4283
G30-69X	20.61	4452
G30-8	25.40	5478
G30-9	10.32	2229

试验区采用的泡沫驱体系为强品化工起泡剂(室内实验筛选出的)。经过室内筛选、优化得到理想泡沫体系配方为：起泡剂为强品化工；起泡剂有效浓度为0.1%(1000mg/L)；气体为空气。残余阻力系数：根据室内岩芯实验结果，数值

模拟计算使用起泡剂残余阻力系数为1。吸附量及最大吸附量：根据室内吸附实验测出的吸附量，折算到计算模型中，最大吸附量为9.78mol/m^3。

自2012年8月1日起进行泡沫驱，初步计算时根据注入井实际注入量按照1.2∶1.0的气液比配注起泡液及注气量，各注入井的配注量如表4－9～表4－10所示。

5.2.5.1 主段塞大小的优化设计

1)调驱段塞的优化

从图5－31可知，随着调驱段塞的增加，吨起泡剂增油量(下文称为吨增油量)先增加后降低。在段塞为0.01PV时，增油量达到最大值，为346.77t，此时调驱效果最好。

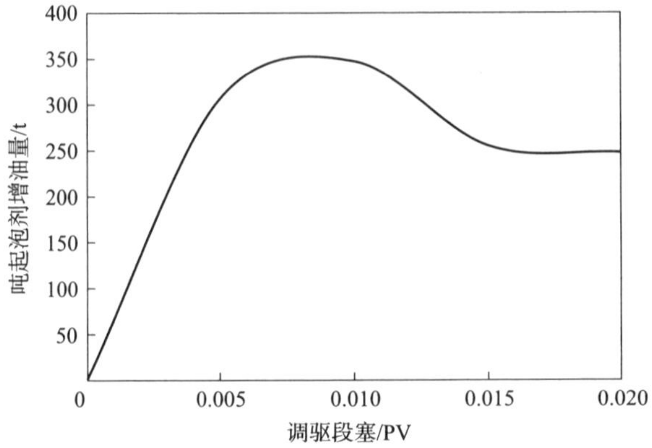

图5－31 调驱段塞对高30井区空气泡沫调驱油效果的影响

2)泡沫驱主段塞的优化

主段塞为0.1%(有效浓度为1000mg/L)强品化工，气液比为1.0∶1.0，气液同时注入条件下，泡沫段塞注入结束后，继续进行后续水驱，直至试验区综合含水率达到98%。

由图5－32可以看出，随着注入段塞的增大，提高采收率的幅度逐渐增加。注入段塞为0.05PV时，采收率提高幅度为2.52%；注入段塞为0.25PV时，采收率提高幅度为9.55%。

综合指标随着泡沫注入段塞的大小的变化趋势可以分为两段：泡沫注入段塞在0～0.2PV之间逐渐增大时，综合指标逐渐上升，注入段塞为0.2PV时，其综合指标为16.34；当注入段塞由0.2PV增大到0.25PV时，综合指标变化较小，注入段塞为0.25PV时，其综合指标为16.67。

综合考虑认为，选择泡沫注入段塞大小为0.2PV较为适合。

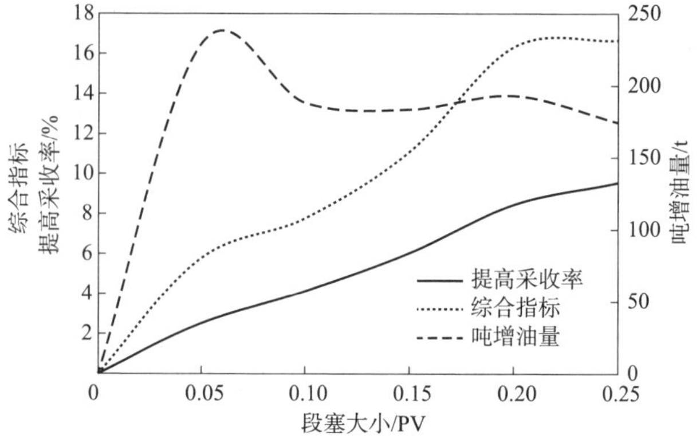

图 5-32　泡沫段塞大小对驱油效果的影响

5.2.5.2　气液比的优化设计

室内实验结果表明，对于泡沫驱来说，空气泡沫的气液比是影响泡沫封堵能力的重要因素，因此，其对空气泡沫的驱油性能有显著的影响。为了进一步优化室内实验所得到的气液比，同时也优选出适合高 30 块油藏实际地层情况的气液比，首先对其进行了优化设计。

采收率提高幅度随气液比的变化趋势整体为抛物线形。当气液比为1.2：1时，采收率提高幅度最大为 8.46%；气液比为 0.75：1 时，采收率提高幅度为 7.81%；气液比为 1.5：1 时，采收率提高幅度为 8.19%（图 5-33）。

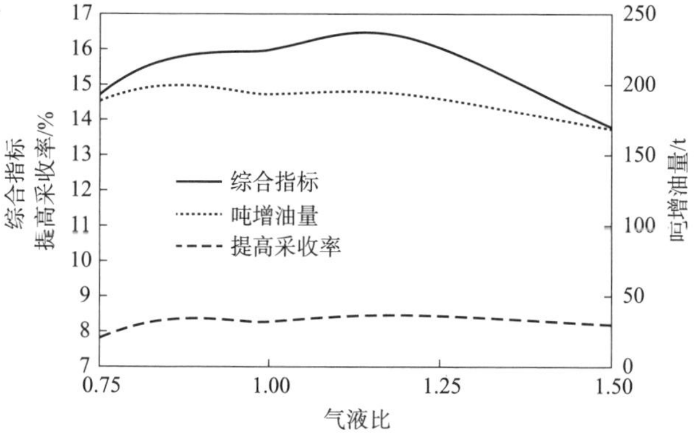

图 5-33　气液比对驱油效果的影响

气液比对吨起泡剂增油量的影响趋势大致也为一条抛物线。随着气液比的逐渐增大，当气液比小于 1 时，吨起泡剂增油量逐渐增大；当气液比大于 1 时，吨起泡剂增油量逐渐降低；当气液比为 1：1 时有最大吨起泡剂增油量 193.22t；当气液比为 0.75 和 1.5 时吨起泡剂增油量分别为 188.41t 和 168.33t。

综合指标随气液比增加的变化趋势大致为一条抛物线。气液比为 1.2：1 时，综合指标最大，为 16.34。在气液比为 0.75 和 1.5 时，其综合指标分别为 14.71 和 13.79。

可见，选择 1.2：1 的气液比较合适。

5.2.5.3 注采速度优化设计

注采速度不仅影响驱油效果，同时还影响投资收益速度；此外，有关表面活性剂水溶液驱、聚合物驱、复合驱等化学驱注入速度的基本结论是，在不超过油层破裂压力的条件下，在可能的情况下，尽量快注，同时对高 30 泡沫驱的注采速度进行了研究。目前，试验区目的层水驱注入速度为 0.02PV/a，注入速度偏低。

在泡沫驱主段塞为 0.20PV、起泡剂有效浓度为 0.1%、气液比为 1.2：1.0 及气液混注的条件下，开展了注采速度分别为目前注入速度 0.75 倍、1 倍、1.2 倍和 1.5 倍时的模拟计算。

需要说明的是，在提高注入速度的同时，为保持试验区注采平衡，按相同比例，同时提高了试验区内各油井产量。

由图 5－34 可以看出，采收率提高幅度随注采速度变化的趋势，其趋势为先增后降，并在注采速度为 1 倍原速度时达到最大值。在注采速度为 0.75 倍、1 倍和 1.5 倍时的采收率提高幅度分别为 7.55%、8.46% 和 6.50%。

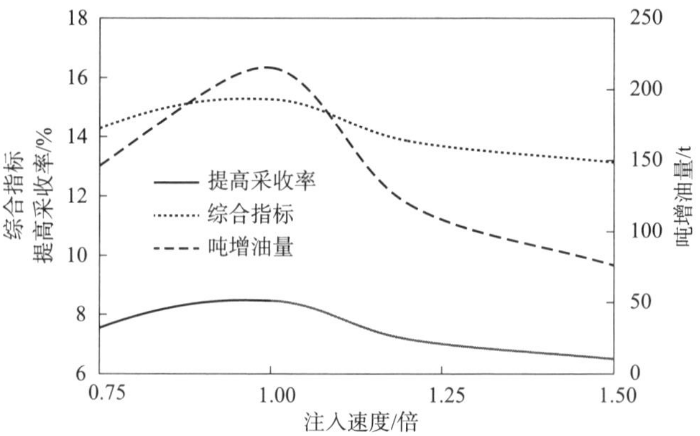

图 5－34 注采速度对采收率提高幅度的影响

吨起泡剂增油量随注采速度变化的趋势，其趋势为先增后降，并在注采速度为 1 倍原速度时达到最大值。在注采速度为 0.75 倍、1 倍和 1.5 倍时的吨起泡剂增油量分别为 154.53t、214.20t 和 76.32t。

综合指标随注采速度变化的趋势，其趋势为先增后降，并在注采速度为 1 倍原速度时达到最大值。在注采速度为0.75倍、1倍和1.5倍时的综合指标分别为14.82t、16.34t和13.66t。

5.2.5.4 前置段塞的优化设计

根据前面的优化结果，确定泡沫驱主段塞为0.20PV，起泡剂强品化工有效浓度为0.1%、气液比为1.0:1.0、气液混合注入的条件下，计算较高浓度起泡液前置段塞对高30块油藏空气泡沫驱驱油效果的影响。

先研究前置段塞大小对驱油效果的影响，选定前置段塞起泡剂胜都的有效浓度为0.2%（前置段塞+后续段塞=0.20PV）。

由图5-35可以看出，前置段塞大小在0~0.02PV之间逐渐增大时，采收率提高幅度逐渐增加，但增加幅度逐渐放缓。在前置段塞小于0.005PV时，采收率提高幅度增加较快，0和0.005PV时分别为8.46%和9.09%；前置段塞大于0.01PV后，采收率提高幅度增加趋势逐渐放缓。0.01PV和0.02PV时采收率提高幅度分别为9.36%和9.70%。

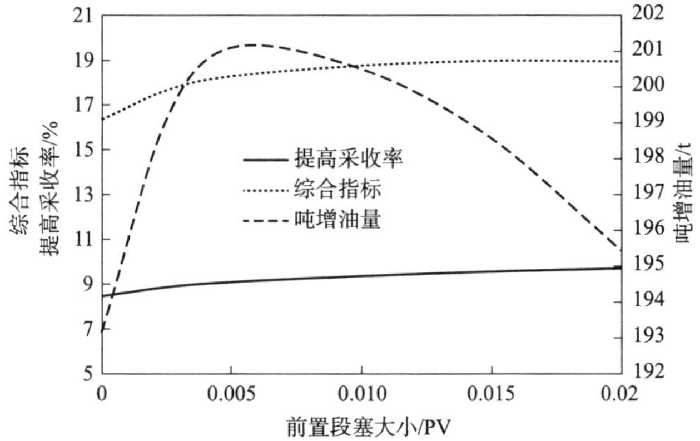

图5-35 前置段塞大小对采收率提高幅度的影响

吨起泡剂增油量随前置段塞大小的变化趋势，大致为一条抛物线。在0.005PV时有最大值吨起泡剂增油量为19.80t；在前置段塞大小为0.0025PV、0.01PV和0.02PV时，吨起泡剂增油量分别为16.83t、18.88t和10.24t。

当前置段塞大小在0~0.02PV之间逐渐最大时，综合指标逐渐增大；前置段塞在0.01~0.02PV之间变化时，综合指标变化较小，其曲线比较平缓；前置段塞大小在0~0.01PV之间变化时，综合指标上升幅度较大。前置段塞大小为0.0025PV、0.01PV和0.02PV时的综合指标分别为17.63、18.77和18.96。

上述研究了同一起泡剂有效浓度下，段塞大小对泡沫驱驱油效果的影响分析，下面就分析在确定的最佳前置段塞0.01PV前提下，起泡剂有效浓度对驱油效果的影响。

由图5-36可以看出，采收率提高幅度随着浓度的增加逐步上升，在前置段塞起泡剂浓度分别为0.2%、0.3%和0.4%时，采收率提高幅度分别为9.36%、9.44%和9.51%。

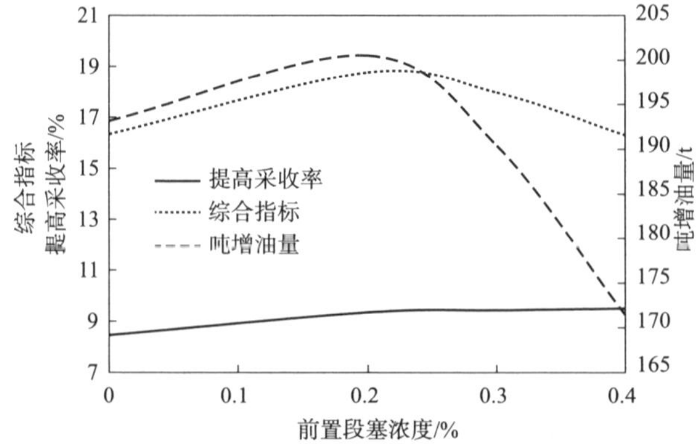

图5-36 前置段塞浓度对采收率提高幅度的影响

随着前置段塞起泡剂浓度在0.2%~0.4%之间变化时，吨起泡剂增油量急剧下降，在前置段塞起泡剂浓度为0.2%和0.4%时，吨起泡剂增油量分别为200.50t和171.45t；随着前置段塞起泡剂浓度在0.2%~0.4%之间变化时，综合指标下降幅度较大，在前置段塞起泡剂浓度为0.2%和0.4%时，综合指标分别为18.77和16.30。

5.2.6 泡沫优选参数的驱油效果

在前面确定出的泡沫调驱最佳参数为：泡沫主段塞起泡剂为强品化工、有效浓度为0.10%、主段塞大小为0.2PV；前置段塞为0.2%(有效)×0.01PV；气液比为1.2∶1.0、注入速度为目前实际工作制度下的速度，得到的高30块空气泡沫驱驱油效果如表5-3所示。

表5-3 0.35PV最佳泡沫方案驱油效果主要参数

发泡剂用量/(t/t)(当量/实际)	提高采收率/% OOIP	增油量/10^4t	吨起泡剂增油量/t	综合指标
1889.23/661.15	9.36	37.88	200.50	18.77

由图5-37可以看出，最优方案比水驱提高采收率为9.36% OOIP，即增油量为37.88×10^4t，吨起泡剂增油量为200.50t，达到理想的增油效果。此时，最优方案的累产油量和水驱预测到综合含水98%时的曲线如图中所示。

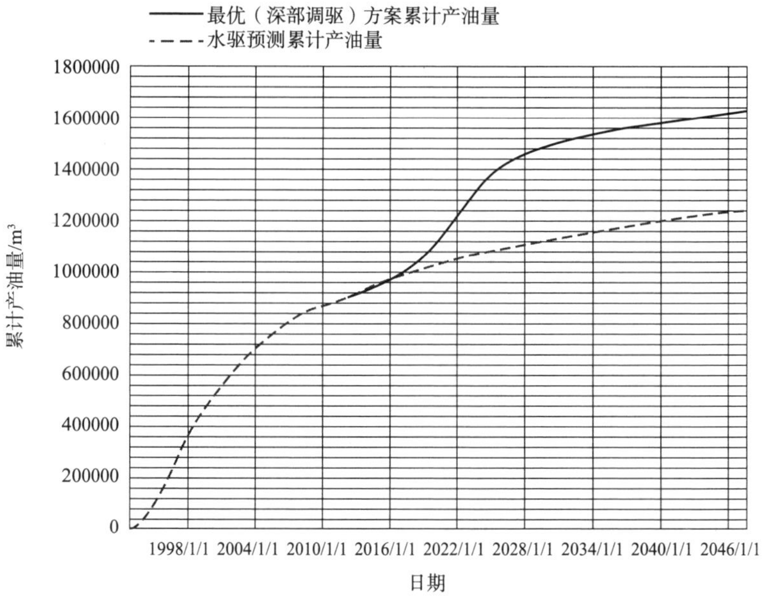

图 5－37　高 30 泡沫深部调驱方案与水驱预测累计产油量变化曲线

5.3　高 30 块泡沫改善水驱提高采收率技术研究小结

(1)建模试验区共分为 9 个沉积单元，将 9 个沉积单元拆分为 12 个模拟层，共有 898560 个网格，网格横向步长为 30m。原油地质储量为 452.69 $\times 10^4$t，与容积法计算储量(430.42 $\times 10^4$t)相比，相对误差为 1.57%。

(2)拟合阶段数值模拟计算的采油量为 861514.69m^3，油井实际产油量为 921095.87m^3，实际产油量比拟合产油量高 59581.18m^3，相对误差为 -6.47%，两者基本吻合；水驱阶段模拟的采出程度为 19.03%，比实际采出程度低 1.31%。

(3)当全区综合含水上升到 98% 时，累计产油量为 1229087.3t，水驱采收率为 27.51%，与标定采收率(29%)相比，相对误差为 5.17%。

(4)空气泡沫驱最佳方案：有效浓度为 0.10% 的起泡剂强品化工、段塞 0.2PV；前置段塞 0.2%(有效) $\times$0.001PV；气液比为 1.2∶1.0、注入速度为目前实际工作制度下的速度。最优方案提高采收率为 9.36% OOIP，即增油量为 37.88 $\times 10^4$t，吨起泡剂增油量为 200.50t。

6 华北油田泡沫驱的适应性及潜力评价

华北油田主力油层具有温度高(70～130℃)、矿化度高(≥10000mg/L)，特别是 $Ca^{2+}+Mg^{2+}$ 含量高(≥100mg/L)以及(纵向和平面)非均质性严重的特点，采用常规含聚合物的化学驱，例如聚合物驱、表活剂/聚合物二元复合驱，碱/表活剂/聚合物三元复合驱以及凝胶(深部)调驱，由于体系的表观黏度大幅度下降以及长期热稳定性差，导致调驱效果和驱油效果变差，甚至失败，不能大规模推广应用。为此，围绕华北油田的地质、开发特点，开展有针对性的文献调研，分析泡沫驱油技术在华北油田高温油藏的适应性。

6.1 泡沫驱油藏筛选条件

6.1.1 空气泡沫驱单管实验结论(以文120块油藏为例)

(1)当渗透率在 $62\times10^{-3}\sim2306\times10^{-3}\mu m^2$ 之间时，随着油层渗透率的增加，泡沫阻力系数逐渐增大；当渗透率在 $2306\times10^{-3}\sim4881\times10^{-3}\mu m^2$ 之间变化时，渗透率太高，泡沫逐渐变成管流，而不是多孔介质流，阻力系数逐渐降低。

(2)填砂管的平均阻力系数，随着压力的增大，阻力系数逐渐增加。常压下阻力系数为46；回压为5MPa时，阻力系数增加到72；回压为10MPa时，阻力系数增加到90。

(3)随着含油饱和度的增加，泡沫阻力系数逐渐降低，由于油层的非均质性，中低渗层含油饱和度在30%左右，当含油饱和度大于30%时，虽然泡沫体系消泡多，但阻力系数(25左右)也较高。

(4)当泡沫体系的注入线速度在0.1～3m/d之间增加时，阻力系数逐渐增大，即使在低流速(0.1～0.3m/d)泡沫数量相对较少条件下，泡沫的阻力系数也可达到12～16，完全可以满足文120块油藏泡沫驱的实际生产及应用。

6.1.2 空气泡沫驱双管实验结论(以文120块油藏为例)

(1)通过非均质油藏模型驱替实验，空气泡沫驱采收率在水驱的基础上有明显提高的趋势，其中在低渗层(管)上采收率增加的幅度比较大。在经历空气泡沫驱后，低渗透层(管)的流量相对水驱过程也有增加的趋势，改善了其驱油效果。室内实验结果说明，在空气泡沫段塞0.3PV左右，采收率可提高17.24%。

(2)空气泡沫驱能较好地封堵高渗透层和大孔道的作用，阻力因子随着注入量的增加而增大。实施空气泡沫驱后，注入压力明显提高、含水率开始下降、产油量开始上升。

(3)在渗透率级差较低时，随着级差的增大，泡沫驱提高采收率的值增大。当渗透率级差大于8.9时，随着渗透率级差的增大，驱油效果变差，对高低渗驱替管的封堵调剖能力变小。

6.1.3 低温氧化实验及安全性分析结论

(1)在温度不变时，压力越高，空气中单位体积的氧气质量浓度越大，为油层温度条件下的原油低温氧化反应提供了更多的氧化剂，则氧化越快，氧气的消耗加剧，从而使氧化反应加速。

(2)温度越高，其氧化速率越快，消耗氧气的速度也越快。原油黏度不同程度的减小，说明原油组分及性质发生了一定程度的变化，且消耗了大部分氧。

(3)氧气迅速被消耗，其浓度在10%以下，因此，华北油田空气泡沫驱安全。

6.1.4 国内泡沫驱技术现状

矿场应用方面，自20世纪70年代开展泡沫驱矿场试验以来，项目开展数量逐年增加。据不完全统计，2000年后的项目11个。矿场试验变化趋势：空气泡沫驱项目逐年增多，低渗透油藏泡沫驱项目逐年增多；低于50mPa·s的稀油项目逐年增多(表6-1)。

表6-1 国内部分泡沫驱油项目名称及时间

年份	项目名称
1977	胜坨油田3-5-23井组空气泡沫驱油试验
1994	胜利20-10-18井组氮气泡沫驱油
1995	胜利草20-9-13井组氮气泡沫驱油
1996	百4块空气泡沫驱油试验

续表

年份	项目名称
1996	百色仑16块氮气泡沫驱油试验
1996	辽河欢喜岭油田锦90块19－141井组普通稠油氮气泡沫驱先导试验
1997	大庆油田北二东烃气泡沫复合驱先导性矿场试验
1999	辽河欢喜岭油田锦90块普通稠油氮气泡沫驱扩大试验
2003	孤岛中二区28－8井注强化氮气泡沫研究
2003	胜利油田坨11区块稠油油藏S311.3井氮气泡沫驱试验
2004	百色盆地子寅油田仑16块砂岩油藏泡沫辅助混气水驱先导性试验
2005	延长吴起油田旗胜35－6井组空气—泡沫驱先导性试验
2005	大庆水驱后北2—丁2－59井组氮气泡沫现场试验
2006	长庆马岭油田北三区木A井组空气—泡沫调驱试验
2006	长庆马岭油田北三区木一井组木12－9井组空气—泡沫调驱试验
2007	延长甘谷驿油田唐80井区丛55井组和丛54井组注空气泡沫试验
2007	中原油田胡12块胡12－152井组空气泡沫调驱试验
2007	大庆聚驱后北2－6－33井组N_2泡沫现场试验
2009	大庆喇嘛甸油田聚驱后泡沫复合驱扩大现场试验

通过总结国内外现场应用实例，结合室内实验及华北油田实际的油藏地质条件和开发系统状况，初步确定华北油田空气泡沫驱矿场试验油藏区块筛选参数的条件(表6－2)。

表6－2　泡沫驱油藏筛选条件

岩石类型	砂岩
油藏温度	<120℃
油藏渗透率	$>10\times10^{-3}\mu m^2$
油藏注入压力	根据地层压力、地面设备及油的性能确定，相同日注量条件下，与水驱相比，泡沫注入压力上升为3～10MPa
地面原油密度	$0.7\sim0.95g/cm^3$
油层有效厚度	5～25m
油层原油黏度	>2mPa·s
油层剩余油饱和度	≥40%
渗透率非均质变异系数V_K	<0.82
地层水矿化度	<300000mg/L
开发参数	井网相对完善、井况良好、平均井距为150～300m、注采关系明确、地下能量保持较好，没有边水和底水

(1)油藏类型为砂岩油藏。

(2)油藏温度小于120℃。因为油藏温度过高会使阴离子表面活性剂在水中的溶解度增大，相平衡发生变化，化学吸附增大，降低表面活性剂的作用。室内研究结果表明，当温度 <130℃时，泡沫驱油体系可以满足驱油的要求和条件。因此，将油藏温度定为小于120℃。

(3)油层原油黏度大于2mPa·s。如果原油黏度过低，由于有利的油水流度比，水驱采出程度相对较高，地下剩余油含量相对较低，在相同条件下，相对于高含油饱和度的油层，泡沫驱提高采收率可能相对较低。

在起泡剂注入线速度为0.3m/d时，泡沫有效黏度为82.56mPa·s，远大于地层原油黏度。

(4)地面原油密度为0.7～0.95g/cm^3。

(5)油藏渗透率大于 $10\times10^{-3}\mu m^2$。室内实验表明，当渗透率较小时，阻力系数与渗透率成正比；当渗透率大于 $463\times10^3\mu m^2$ 后，阻力系数趋于稳定，渗透率的改变对阻力系数的影响较小。但是渗透率过低，会导致注入能力下降。结合华北油田实际情况，将砂岩油藏渗透率下限适当提高，确定为大于 $10\times10^{-3}\mu m^2$。

(6)泡沫注入压力应根据地层压力、地面设备及油的性能确定，相同日注入量条件下，与水驱相比，泡沫注入压力上升为3～10MPa。选择试验区时，应考虑主干线压力大于可能的实际注入压力。即选择区块时，应考虑和预留压力的上升空间。否则，泡沫实际注入困难，不能满足现场实际状况。

(7)油层有效厚度。根据国内外矿场实例，再结合华北油田实际情况，确定目的层有效厚度在5～25m之间。目的层中，有效厚度小于3m的小层的层数尽量少，特别是毛毛层或表外储层。油层有效厚度太薄，没有体现泡沫高黏度提高油层波及效率的技术特征。油层有效厚度太大，重力分异现象相对较大，特别是混合注入时更加明显，尽管影响不一定特别严重。

(8)剩余油饱和度不小于40%。含油饱和度低将达不到一定的增油效果。

(9)渗透率非均质变异系数(V_K) $\leqslant0.82$。当渗透率变异系数大于某一值时，驱油效果明显下降；同时，要求 $V_K\geqslant0.65$。当 $V_K<0.65$ 时，由于水驱采出程度高，导致泡沫驱提高采收率幅度不高。

(10)地层水矿化度小于300000mg/L。因为地层水矿化度太大，表面活性剂与黏土、矿物质发生反应将造成大量的吸附损失。

(11)油藏目的井组不存在边水和底水。考虑到泡沫驱油的特征，注入的起泡液及气体，将大量进入边水部位和底水部位中，导致大量的起泡剂及气体无效。

6.2 空气泡沫驱潜力评价

油藏数值模拟中采取最佳注入方案，文 120 块、河间油田东营组、高 30 块三个不同油藏泡沫驱比水驱平均提高采收率 10.98% OOIP。

华北油田 6 个采油厂共选取 85 个油藏区块，对其开展空气泡沫驱矿场试验（泡沫驱比水驱提高采收率按 10% OOIP 计算），共可增产、可采动用储量为 4713.142×10^4t，其中采油一厂增油量为 357.115×10^4t，采油二厂增油量为 426.541×10^4t，采油三厂增油量为 2348.299×10^4t，采油四厂增油量为 327.35×10^4t，采油五厂增油量为 518.337×10^4t，二连公司增油量为 735.5×10^4t（表 6－3）。

表 6－3 华北油田 85 个油藏区块空气泡沫驱潜力评价

采油厂/区块个数	地质储量/10^4t	可采动用储量/10^4t	比水驱提高采收率/%	增油量/10^4t
采油一厂/17	3571.15	837.77	10	357.115
采油二厂/8	4265.41	1526.79	10	426.541
采油三厂/20	23482.99	2072.48	10	2348.299
采油四厂/8	3273.5	1081.6	10	327.35
采油五厂/13	5183.37	1226.98	10	518.337
二连/19	7355	1591.79	10	735.5
储量（增油量）总计	47131.42	8337.41	—	4713.142

7 不同油藏泡沫驱油技术研究结论

7.1 不同油藏的室内实验泡沫体系及驱油效果

三个区块不同油藏在常压、油藏温度、地层水等条件下的室内实验泡沫体系及驱油效果在表7－1、表7－2中进行总结。

表7－1 文120块、河间油田东营组、高30块的地质参数

区块/组段	含油面积/km^2	地质储量/10^4t	油层深度/m	平均有效厚度/m	有效孔隙度/%	有效渗透率/$10^{-3}\mu m^2$	渗透率变异系数	油层温度/℃	地下原油黏度/(mPa·s)	地面原油密度/(g/cm^3)	地层水总矿化度/(mg/L)
文120块	1.4	151.39	2008	17.8	22.0	106.7	—	87	8.8	0.9009	28291
河间油田东营组	3.6	703.98	2200	15.5	21.0	66.4	0.7	90	6.3	0.86	5682.6
高30块	3.84	374.92	2560	9.3	18.6	41.0	0.8	113.8	24.63	0.85	7692

表7－2 文120块、河间油田东营组、高30块的室内实验泡沫体系及驱油效果

区块/组段	起泡剂及有效浓度	常压下泡沫性能参数					不同段塞驱油效果(比水驱提高采收率)/%			
		发泡体积/mL	泡沫半衰期/s	泡沫特征值/无量纲	综合指数/(mL·s)	视黏度/(mPa·s)	0.1PV	0.2PV	0.3PV	0.4PV
文120块	XHY－4K，0.10%	580	1229	0.655	712820	674.9	5.72	9.81	17.24	18.09
河间油田东营组	XHY－4，0.10%	645	627	0.690	405000	809.8	5.31	9.61	16.04	18.42
高30块	强品化工，0.10%	540	2400	0.630	1296000	1040	—	—	—	—

7.1.1 文 120 块油藏

(1)优选的泡沫体系为起泡剂 XHY－4K，有效浓度为 0.10%。

(2)200mL 起泡溶液对应的发泡体积为 580mL，泡沫半衰期为 1229s，泡沫特征值为 0.655，泡沫综合指数为 712820mL·s，视黏度为 674.9mPa·s。

(3)驱替实验优选泡沫段塞为 0.3PV，比水驱提高采收率 17.24%。

7.1.2 河间油田东营组油藏

(1)优选的泡沫体系为起泡剂 XHY－4，有效浓度为 0.10%。

(2)200mL 起泡溶液对应的发泡体积为 645mL，泡沫半衰期为 627s，泡沫特征值为 0.690，泡沫综合指数为 405000mL·s，视黏度为 809.8mPa·s。

(3)驱替实验优选泡沫段塞为 0.3PV，比水驱提高采收率 16.04%。

7.1.3 高 30 块油藏

(1)优选的泡沫体系为起泡剂强品化工，有效浓度为 0.10%。

(2)200mL 起泡溶液对应的发泡体积为 540mL，泡沫半衰期为 2400s，泡沫特征值为 0.630，泡沫综合指数为 1296000mL·s，视黏度为 1040mPa·s。

7.2 不同油藏深部调驱实施方案及效果预测(表 7－3)

7.2.1 文 120 块油藏深部调驱

泡沫调驱段塞起泡剂为 XHY－4K、有效浓度为 0.10%、调驱段塞大小为 0.005PV、注入时间为 6.95 个月、气液比为 1.2：1.0、注入方式为交替注入、增油量为 2.04×10^4t、吨起泡剂增油量为 827.67t。

7.2.2 河间油田东营组油藏深部调驱

泡沫调驱段塞起泡剂为 XHY－4、有效浓度为 0.10%、调驱段塞大小为 0.008PV、注入时间为 8 个月、气液比为 1.0：1.0、注入方式为混合注入、增油量为 8.14 ×10^4t、吨起泡剂增油量为 433.60t。

7.2.3 高30块油藏深部调驱

泡沫调驱段塞起泡剂为强品化工、有效浓度为 0.10%、调驱段塞大小为 0.010PV、注入时间为6个月、气液比为 1.2：1.0、注入方式为交替注入、增油量为 3.07 ×10^4t、吨起泡剂增油量为 346.77t。

表7-3 文120块、河间油田东营组、高30块深部调驱实施方案及效果预测

方案及参数		区块或层组		
		文120	河间油田东营组	高30
调驱段塞	浓度/%	0.1	0.1	0.1
	大小/PV	0.005	0.008	0.010
	注入时间/月	6.95	8	6
	发泡剂用量/(t/t)(当量/实际)	24.74/17.40	187.73/73.46	88.53/30.05
注气液参数	气液比	1.2：1	1：1	1.2：1
	注入方式	交替注入	混合注入	交替注入
增油量/10^4t		2.04	8.14	3.07
吨起泡剂增油量/t		827.67	433.60	346.77

7.3 不同油藏空气泡沫驱实施方案及效果预测(表7-4)

7.3.1 文120块油藏空气泡沫驱

泡沫主段塞起泡剂为 XHY-4K、有效浓度为 0.10%、主段塞大小为 0.35PV；前置段塞为 0.2%(有效)×0.001PV；气液比为 1.2：1.0、交替周期为 5d。当注入速度为目前实际工作制度的注入速度，提高采收率 12.87% OOIP，比水驱增油量为 20.47 ×10^4t；当注入速度为目前实际注入速度的4倍，比水驱增油量为 13.59 ×10^4t，提高采收率 8.54% OOIP。

7.3.2 河间油田东营组油藏空气泡沫驱

泡沫主段塞起泡剂为 XHY -4、有效浓度为 0.10%、主段塞大小为 0.30PV；前置段塞为 0.2%(有效)×0.015PV；气液比为 1.0∶1.0、气液混合注入、注入速度为目前实际工作制度的注入速度、提高采收率 10.72% OOIP、比水驱增油量为 55.38×10^4t。

表 7-4 文 120 块、河间油田东营组、高 30 块空气泡沫驱实施方案及效果预测

方案及参数		区块或层组			
		文 120		河间油田东营组	高 30
前置段塞	浓度/%	0.2		0.2	0.2
	大小/PV	0.001		0.015	0.001
	注入时间/月	2		15	6
	起泡剂实际用量/t	20.04		287.40	60.10
	地面空气用量/10^4m^3	0		2481.39	649.12
主段塞	浓度/%	0.1		0.1	0.1
	大小/PV	0.35		0.30	0.2
	注入时间/a	10.15	40.6	24	10
	起泡剂实际用量/t	1107.89		2754.67	601.04
	地面空气用量/10^4m^3	6049.09		47563.01	1282.39
	气液比	1.2∶1		1∶1	1.2∶1
	注入方式	交替注入 (交替周期 5d)		混合注入	混合注入
最低含水率	时间	2016	2015	2018	2022
	最低值/%	84.62	86.88	77.06	74.62
注入速度/目前注入速度/倍数		1	4	1	1
起泡剂总用量/t		1128		3042.07	661.49
地面空气总用量/10^4m^3		6049.06		50044.40	13631.70
提高采收率/% OOIP		12.87	8.54	10.72	9.36
增油量(相对水驱预测)/10^4t		20.47	13.59	55.38	37.88

7.3.3 高 30 块油藏空气泡沫驱

泡沫主段塞起泡剂为强品化工、有效浓度为 0.10% 、主段塞大小为 0.2PV；前置段塞为 0.2%（有效）×0.001PV；气液比为 1.2：1.0、气液混合注入、注入速度为目前实际工作制度的注入速度、提高采收率 9.36% OOIP、比水驱增油量为 37.88×10^4t。